U0023388

亮華文創

淨零排放 創新課程設計

顯示科技零碳轉型人才培育

Innovative Course Design for Zero Emission: Fostering Talent for Display Technology

淨零排放創新課程設計，引領綠色未來！
深入了解淨零排放目標，掌握科技創新與人才培育，
共同實現永續發展之關鍵！

蘇信寧 主編

主編序

在過去的幾十年裡，全球經濟的快速發展帶來了巨大的利益，但也產生了嚴重的環境問題。現在，全球溫室氣體排放已經達到了前所未有的高度，對氣候變化和環境影響日益嚴重。面對這一現實，世界各國正在積極推進淨零排放目標，對此，我們需要意識到，不僅是政府和企業，每個人都應該參與其中。我們需要調整自己的生活方式，減少能源消耗和廢棄物產生，並且推動科技創新和人才培育，實現綠色、低碳、可持續的發展。

本書《淨零排放創新課程設計——顯示科技零碳轉型人才培育》的編寫旨在幫助讀者深入理解淨零排放目標下的創新與轉型，並提供相關的課程設計方向。淨零排放不僅僅是一個環保概念，而是一個涉及到全球經濟、社會和環境的重大挑戰，需要跨越政府、企業、學術和公眾等多個領域的合作。而創新和人才培育是實現淨零排放目標的核心。通過科技創新，我們可以開發出更加環保、高效的能源和產品；通過人才培育，我們可以為產業注入更多的創新思維和技術能力，提高淨零排放的實踐水平。

為了實現淨零排放目標，我們需要一個全面的解決方案，涵蓋了政策、科技、人才培育等各個方面。其中，人才培育更是關鍵，因為只有擁有足夠的人才，我們才能夠推進淨零排放的科技創新和實踐。擁有適當的知識和技能，以及理解綠色經濟和可持續發展的基本原理的人才，將是未來的寶貴資源。本書所提供的創新課程設計方向和人才培育方案，不僅有助於培養具備相關知識和技能的學生，也有助於為企業和政府部門提供優秀的人才，以推進淨零排放的科技創新和實踐。因此，這本書將成為培育淨零排放人才的重要指南和參考資料。

在本書的編寫過程中，我們蒐集了國內外相關資訊，並邀請了許多在淨零排放相關領域具有豐富經驗的專家、學者和業界人士，他們在淨零排放目標下的創新和轉型方面有著獨特的見解和經驗。通過他們的分享和交流，我們可以更深入地了解淨零排放目標下的挑戰和機遇，以及如何進行科技創新和人才培育，以實現淨零排放的目標。故我們相信，這本書將為各個領域的讀者提供有價值的參考和指導，以推進淨零排放的科技創新和實踐，並促進綠色經濟和可持續發展的實現。我們期待著這本書能夠在淨零排放的目標下，為人才培育和科技創新做出重要的貢獻。

本書第一章「推動背景」所關注的相關議題尤為重要。我們將深入探討淨零排放的起源，以及各國政府和企業在淨零減碳方面所作出的態度和行動。此外，我們也會關注臺灣顯示科技行業在淨零減碳方面所面臨的挑戰和發展現況，探討如何在這個行業中實現淨零排放目標。除了行業發展，本書還將關注淨零排放背景下的就業市場和高等教育。隨著淨零排放目標的推進，市場對於綠色職位的需求正在大幅提升，這對於教育機構和就業市場都提出了新的挑戰和機會。在這樣的背景下，高等教育機構的角色也變得刻不容緩，他們需要思考如何為學生提供更全面的教育，並培養更多懂得淨零排放相關知識和技能的人才。

在淨零排放的路上，目標的設定是關鍵的一步，而本書第二章「目標陳述」將探討如何以顯示科技領域為主軸，培養淨零減碳相關的人才，進而推動臺灣的永續發展。本章將分析顯示科技領域需要何種節能減碳相關之人才素養，提出顯示科技淨零減碳課程地圖，以培養未來能夠貢獻於淨零排放的專業人才。透過此地圖，讀者可以了解在全球淨零減碳的過程中，顯示科技領域應該開設什麼課程以培育減碳相關人才。未來，將逐步將這些課程落實於顯示科技之相關系所或學程，以促進顯示科技淨零碳排人才之培養。本章節的目標是希望透過專業人才的培育，加速臺灣淨零碳排之永續發展，使臺灣成為零碳永續發展之環境。

第三章主要探討目標內容與工作項目，旨在確定在顯示科技領域中，為了應對全球氣候變遷所需之節能減碳人才素養以及相關課程內容，並且蒐集國內外相關資訊與課程，進而提出人才培育課程之建議，以期提升臺灣在此領域中的國際競爭力。本章節包含多項工作項目，如蒐集淨零減碳議題相關關鍵字、進行顯示科技專家問卷諮詢調查或視訊諮詢、舉辦顯示科技專家座談會等，以透過專家的分析與討論，共同建立顯示科技領域之節能減碳課程地圖。最終，也發表了本書之重要架構——市場的拉力及人才的推力，有助於促進顯示科技領域在培育節能減碳人才方面的發展。

第四章「研究結果」是本書的核心章節之一，其中呈現了經過多方蒐集與研究所得的豐富資料。這些資料包含了議題、課程、關鍵字及工作職缺等相關內容的蒐集，以及諮詢委員所提出的建議、專家共識會議的成果並彙整諮詢委員意見後所提出的課程與內容。透過本章的呈現，讀者可以更加深入地了解節能減碳相關議題與課程的發展現況，以及相關人才培育的需求和趨勢。本章所呈現的研究成果，將有助於後續的人才培育計畫的制定和實施，並且有望對未來節能減碳產業的發展產生積極的影響。

第五章「產出」是本書的最後一章，也是整個計畫的成果呈現。在第四章的研究結果基礎上，本章結合專家委員的建議，提出了十門與顯示科技相關的節能減碳課程，並深入探討這些課程的內容、目標、學習重點及適用對象。這些課程的設計不僅能夠幫助學習者掌握節能減碳相關的知識與技能，同時也能夠讓產業界更深入了解這個領域的需求與趨勢。本章的產出，可以提供給政府單位、產業界與教育機構參考，以期進一步促進節能減碳相關領域的發展與進步。

特別感謝教育部補助以及陽明交通大學之支持，讓本書得以順利完成。

主編簡介

蘇信寧

美國伊利諾理工學院機械材料與航太工程研究所博士，國立臺灣大學化學研究所碩士，現職為國立陽明交通大學科技管理研究所教授，兼任管理學院 AACSB 執行長與王道經營管理研究中心研究員，亦擔任經濟部商業司計畫審查委員、經濟部國貿局計畫審查委員、工研院品質典範案例評選委員、國科會計畫審查委員、「科技管理學刊」（TSSCI）執行編輯與智財與大數據領域主編，*International Journal of Technology Intelligence and Planning* 編輯委員。共發表期刊論文 48 篇，研討會論文 143 篇，研究成果見於 *Technovation*、*R&D management*、*IEEE Transactions on Engineering Management*、*Technological Forecasting & Social Change*等國際期刊。教學課程開授於科技管理研究所碩博士班、EMBA、醫學系等。致力於科技管理與永續治理之理論研究與應用實務，並以建構跨領域之永續創新思維為本人志業。研究興趣橫跨「王道經營管理」、「ESG 永續治理」、「科技創新管理」、「巨量資料分析與管理」、「智慧財產管理」等相關領域。希望在傳統科技管理領域中系統性架構出跨領域永續創新智慧，並透過此創新智慧培育學生跨領域素養、提升企業永續競爭力與加速產業升級為終生職志。

作者簡介

鍾惠民

美國密西根州立大學經濟博士，現職為國立陽明交通大學管理學院院長暨資財系教授，王道經營管理研究中心(sustainability leadership research center)主任，《證券市場發展》季刊主編與《公司治理國際期刊》(*Corporate Governance: An International Review, SSCI*) 主編。主要工作經歷為國立交通大學 EMBA 學程主任兼執行長。鍾教授具有廣泛的研究興趣，研究成果包含公司治理、高科技公司管理和金融市場等。並在EMBA高管教育和博士課程中廣泛任教。鍾教授為高科技公司、數位金融和創業投資開發了有關財務管理的課程和案例，並與劉助博士合作推動高階主管的商業模式分析課程。

陳卿珊

國立陽明交通大學科技管理研究所碩士、國立臺灣海洋大學通訊與導航工程學系學士。曾任聯發科技專案測試助理、祥碩科技 IC 驗證工程師。深受蘇信寧教授觀念啟發，研究興趣為科技管理、專利分析、創新策略、王道經營管理及永續發展。主要研究方向為探討技術距離擴散及融合。期望能結合工程背景與管理知識，培育出具創新競爭力的素養。

蔡昱葶

國立陽明交通大學科技管理學院碩士、國立清華大學外國語文學系學士。研究興趣領域為科技管理、專利大數據分析、創新與智慧財產管理、永續發展。喜歡閱讀、熱愛美食、享受與蘇老師和同學們的相互交流與研究時光。研究成果發表於 2021 ACKIM 研討會、2022 R&D Management 國際研討會，以及將於 2023 ISPIM 國際研討會進行研究發表與交流。

許齡芸

國立陽明交通大學科技管理研究所碩士、國立臺灣大學電子工程研究所碩士、國立交通大學電機資訊學士。研究興趣為科技管理、資訊管理、專利統計與創新策略、產業分析與發展策略。曾任聯發科技工程師，致力將工程背景所學及工作經驗與管理知識結合。

孫瑀

國立陽明交通大學科技管理研究所碩士、國立臺灣大學土木工程學系學士。研究興趣為科技管理、資料分析與資訊管理，研究成果刊登於科技管理學會年會暨論文研討會、中國工業工程學會年會暨學術研討會及 TFSC，曾任日商產品技術經理，致力於將工程經驗與管理知識結合，並對淨零減碳的領域做出微小貢獻！

蔡宇庭

國立陽明交通大學科技管理研究所碩士，國立中央大學英美語文學系，研究興趣為科技管理、產業分析與發展策略、專利統計與創新策略。致力於專利研究、產業創新策略及科技產業的發展趨勢。

蔣采妮

國立陽明交通大學科技管理所碩士，國立臺北科技大學互動設計系學士。現任國家中山科學研究院管理師，喜歡多方接觸與嘗試學習新知，並培養各項能力豐富自我，研究方向為專案管理、科技管理及產業分析等。

黃科鈞

國立陽明交通大學財務金融研究所碩士，國立中正大學財務金融學系學士。在學期間受比特幣掀起的金融革命所吸引，而致力於研究加密貨幣市場的財務表現，研究興趣為首次代幣發行折價因素探討、資訊不對稱、資產配置等議題。曾參加 2021/22 CFA Institute Research Challenge - Taiwan 競賽，負責針對標的公司進行 ESG 分析，將 ESG 風險因子量化並納入評價模型。

林威翰

國立陽明交通大學管理科學系研究所，主要的研究領域為 ESG、企業社會責任及財務風險。日常興趣是吃美食、看球賽、聽音樂。另外，也喜歡參與各種不同活動和嘗試新的事物，透過與他人進行交流來探討各方面的議題，以增加自己的所見所聞。

目 次

第一章　推動背景

一、淨零減碳緣起

隨著工業革命風潮世界各國逐步投入產業發展，發展過程中產生大量溫室氣體排出造成全球暖化以及氣候變遷，世界各地因此頻繁地出現極端氣候，且越發嚴重。2021 年之二氧化碳排放量也創下了歷史新高（Schmidt & Vose, 2021），若是溫室氣體不斷地被大量排出，而無因應作為，則預估在 2100 年時，地球將不再適合人類居住（黃昭勇，2021）。

在 2015 年，世界各國為解決溫室氣體所造成之全球暖化問題，共有 195 個國家簽訂了巴黎氣候協定，限制地球在本世紀之升溫幅度不超過 2℃（UNFCC, 2015）。為使地球能夠永續發展，節能減碳不能僅是口號，更應成為日常生活中所應落實之行為，而各國政府也達成共識，期望在 2030 年能使溫室氣體排放量減少 45%，且目標在 2050 年能夠達到零碳排（United Nations, 2022）。

聯合國政府間氣候變遷專門委員會（Intergovernmental Panel on Climate Change, IPCC）於 2021 年 8 月所發布的氣候變遷報告指出，全球暖化持續惡化，地球升溫攝氏 1.5 度時程提前，而為防止此發生危及人類存亡，「2050 年淨零碳排」成為目前唯一可能解決方案。截至今日已有超過 130 個國家計畫於 2050 年前達成淨零碳排，全球超過 350 家企業加入全球再生能源倡議（RE100），此倡議為氣候組織（The Climate Group）與碳揭露計畫（Carbon Disclosure Project, CDP）於 2014 年所共同發起，匯聚全球最具影響力的企業，類別橫跨科技、金融、食品飲料、服飾美妝等，致力實現全球 100% 綠電革命；具體作為包括加入企業須公開承諾在 2020 至 2050 年間達成 100% 使用綠電的時程，並逐年提報使用進度（CDP, 2022）。如圖 1-1 所示，如無氣候相關政策，則溫室氣體之段排放量於 2100 將超過 1500 億公噸（Ritchie et al., 2020）。

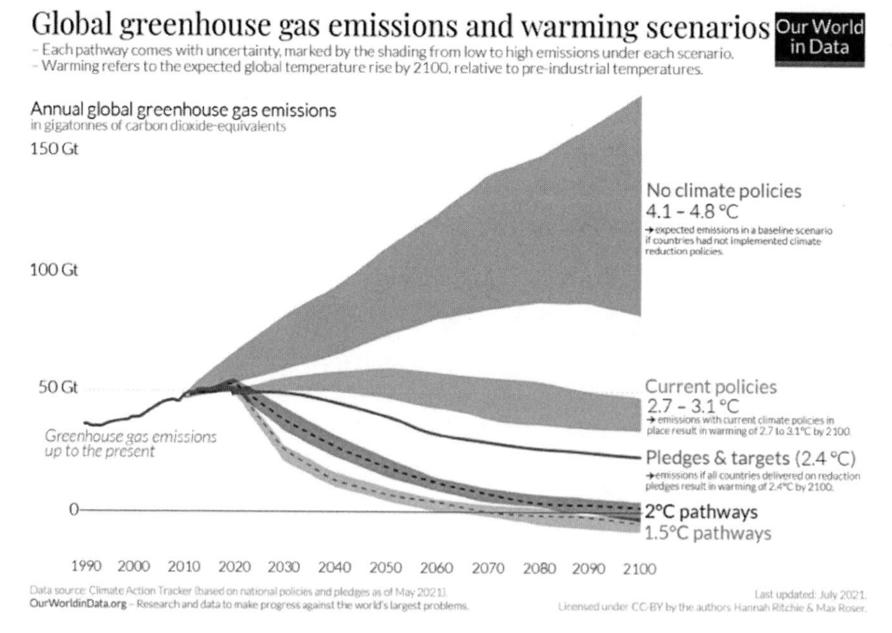

圖 1-1 全球溫室氣體排放與警告情境。資料來源：（Ritchie et al., 2020）

臺灣總溫室氣體排放量自 1990 年的 138,776 千公噸二氧化碳當量，上升至 2019 年的 287,060 千公噸二氧化碳當量（中華民國國家溫室氣體排放清冊報告，2021），如圖 1-2 所示。為了響應目前全球節能減碳的趨勢，臺灣不僅在 2015 年通過《溫室氣體減量及管理法》，以明定在 2050 年能達到溫室氣體排放量將之於 2005 年減少 50%，總統蔡英文更是以邁向淨零排放的目標，期許臺灣在 2050 年淨零轉型（綠色和平氣候與能源專案小組，2022；行政院環境保護署氣候變遷辦公室，2022）。

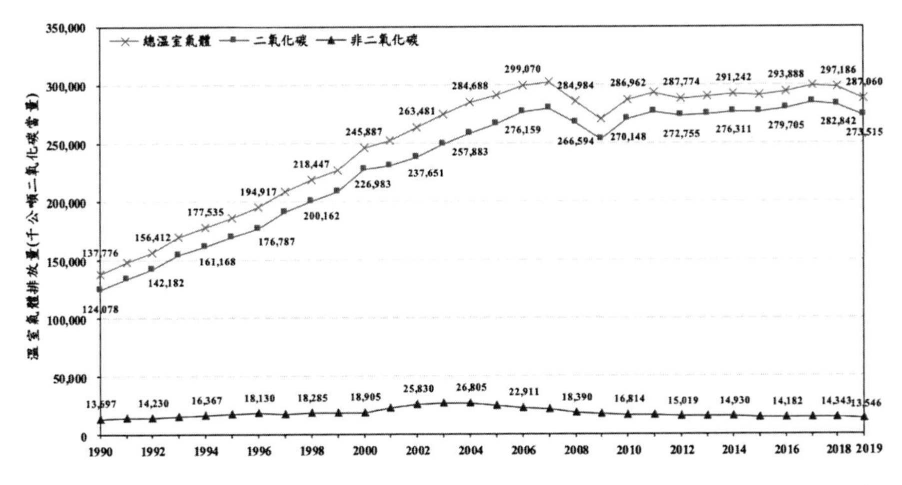

圖 1-2 臺灣溫室氣體排放量（中華民國國家溫室氣體排放清冊報告，2021）

二、各國政府對淨零減碳的態度與作為

淨零碳排成為全球共識，世界各國亦採取種種策略以達

成淨零碳排之目標。例如，美國的階段性目標規劃為 2030 年將實現 100% 無碳汙染電力、2035 年實現 100% 零排放汽車、2050 年之前實現整體淨零排放採購（Kerry, 2021）；歐盟將於 2026 年實施碳邊境調整機制（Carbon Border Adjustment Mechanism, CBAM）計畫，將對未遵守歐盟碳排放規範的進口產品課徵碳稅（EUROPEAN COURT OF AUDITORS, 2022）；全球最大碳排放國——中國也制定 2030 年前碳達峰、2060 年前碳中和目標，並將之納入 2021 年公布的「十四五」計畫。臺灣政府不落人後，於 2021 年，蔡總統於公開演說時表示「淨零轉型是全世界的目標，也是臺灣的目標」。2022 年 3 月行政院正式公布「2050 淨零排放路徑及策略總說明」報告，為臺灣淨零排碳地圖勾勒出更具體樣貌（行政院，2022a）。政府單位於 2023 年將訂出每公噸收取碳費金額，電力、水泥、鋼鐵、光電半導體等排碳大戶將是第一波碳費繳納戶（環保署，2021）。

三、全球企業對淨零減碳的態度與作為

除了各國積極推動綠能與減碳相關政策，國際企業大廠也加入減碳行列，要求供應商致力減碳並將之列為優先合作挑選依據。例如，國外大廠微軟在 2021 年購買了史上最大的碳清除量，共 140 萬公噸，並於「供應商行為準則」報告中，要求間接供應商申報其碳排放，且納入微軟碳核算報告中（Microsoft, 2022）。國內大廠台積電在 2021 年加入 RE100

（CDP, 2022），宣布將動員旗下供應鏈 700 多家廠商推動綠色製造（TSMC, 2021）。僅 2400 萬人口的臺灣，內需不足，經濟上長年倚賴海外市場訂單。過去臺灣企業因減碳需耗費在資源處理上的額外開銷，持以較被動的態度，但今日面對減碳議題受到國際高度重視，維持或擴大國際間產業發展地位與減碳能力息息相關，臺灣企業身為全球供應鏈重要一環，零碳轉型不只是環境議題，更是經濟議題。

四、臺灣顯示科技淨零減碳之現況、挑戰與發展

臺灣顯示科技淨零減碳議題近年來受到極大重視，例如臺灣顯示產業公協會（臺灣顯示器產業聯合總會、臺灣顯示器暨應用產業協會、臺灣平面顯示器材料與元件產業協會、臺灣電子設備協會、國際資訊顯示學會中華民國總會）於 2021 年共同宣示以 2050 淨零碳排目標，帶領產業鏈共同創造低碳之顯示產業供應鏈，建構智慧顯示應用生態系（《經濟日報》，2022）。

工研院開發低碳排高解析 microLED 顯示與感測整合系統，其超低功率較一般顯示技術節電 50% 以上，比現階段大尺寸 LCD 電視螢幕節電 90%。並將 AI 導入高整合多工平臺設計，從產品源頭降低碳足跡（工研院，2022）。而 E Ink 元太科技致力於永續發展，透過低碳與環境友善的電子紙顯示技術，例如節能、低碳、護眼的電子紙看板與電子紙貨架標籤應用於大眾生活場景，減緩對氣候變遷之衝擊。元太科技的電子

紙顯示器，即符合聯合國 SDGs 的六大項目：醫療照護應用（SDG3）、教育解決方案（SDG4）、超低耗電節能減碳（SDG7）、降低能源設施使用開發提升能效（SDG9）、智慧城市永續發展（SDG11），以及減緩氣候變遷衝擊（SDG13）（換日線，2022）。

由於國際間認定 2050 淨零碳排目標，各產業無不以此為未來目標，以共同減緩對環境之衝擊並達到永續發展之目的。臺灣顯示科技於全球電子產業佔有一席之地，為全球第二大顯示面板供應國，2021 年臺灣顯示科技上、下游產值高達 1.7 兆元，佔臺灣 GDP 7.8%，僅次於半導體產業（《工商時報》，2022）。在各國訂定 2050 之淨零碳排目標後，臺灣之顯示產業如何進行產業轉型，以達到減碳甚至淨零之目的？

臺灣顯示科技產業唯有持續於全球電子相關產業扮演低碳顯示技術供應鏈，方能維繫低碳顯示應用之永續生態系。臺灣過去於顯示科技技術發展領先全球，但值此淨零減碳轉型之際，應如何培養相關淨零減碳人才？方能於達到成功之淨零減碳轉型，以維繫臺灣顯示科技之競爭力，協助全球達到淨零永續發展之目標。

五、就業市場「綠領」人才需求大幅提升

國際能源署（IEA）2021 年發布的《2050 淨零：全球能源部門路徑圖》（IEA, 2021）報告指出，淨零排放將帶動再生能源的投資，在 2030 年將創造 1,400 萬個綠色技能相關職缺，

這些運用綠色技能的專業群體被稱為「綠領」（Green Collar）。市調機構研究發現其實只有15% 的臺灣企業對ESG有概念，且所屬企業會在兩年之內進行相關工作，而有 65% 的企業是完全沒有 ESG 概念的，因此綠領人才將會被列入企業零碳轉型地圖中關鍵的一塊拼圖。未來就業市場的新興綠色職缺包括分析碳排對營運面影響的「碳審計師」（carbon auditor）、熟稔碳排規則以利碳權交易的「碳排放交易員」（carbon trader）、響應綠色建築需求的綠色住宅建造者（green home builder）等。大企業設置永續部門和「永續長」、「零碳長」等類似高階職位也成為潮流趨勢，由永續高階主管帶領組織，對內，規劃邁向零碳路徑並與執行長合作將之納入核心策略；對外，與利益關係人溝通成為公司永續發展的安定力量。

六、高等教育儲備減碳人才刻不容緩

各領域產業面臨低碳轉型，以上所述的核心宗旨即是人才的培育，以各領域專家的智慧與力量幫助公司和政府完成轉型大任。學術端提供完善淨零減碳相關教育資源儲備人才，以滿足產業界需求為今日產官學界重要議題。過去國內外大學教育多停留在探討氣候變遷、能源相關學術面與政策面的探討以及減緩方針等知識授予，卻忽略解決方案的產出。如何讓莘莘學子們將書本上的知識實際應用並腦力激盪出創新想法，是教育界永遠的課題。今日應聚焦更多在淨零碳排，讓學生了解循環經濟、碳排放趨勢、去碳化路徑、碳治理原則、政策設計等議題，以縮小產學落差，跟緊業界趨勢，滿足減碳人才與減碳相關知識缺口。目前海內外與減碳、零碳相關課程仍屬少數。美國賓夕法尼亞大學（University of Pennsylvania）提供一系列 ESG 課程（the Wharton School, 2022），分別探討 ESG 與氣候、ESG 與社會、ESG 與企業投資的關係與影響，有別以往大學過於以宏觀角度探討議題，明確限縮討論範疇，更能有效率且不失焦的切入核心重點並有利於創新思維發想。臺灣大學，去年也開設「淨零排放路徑的情境探索與政策設計」，為國內首創以淨零碳排為主的永續課程（臺灣大學，2021）。國內大學也應以此為標竿，開設更多淨零碳排工作坊、課程或學程，提供完善豐富的課程地圖，給予學生架構化的學習路徑。此外，高中教育在地球科學科目也應著墨更多在氣候變遷、國中小學基礎自然科目也可從改變考試導向教學模式做起，幫助學生建立碳知識基礎和興趣，以利接軌大學永續課程。

第二章　目標陳述

本書目標為培養「顯示科技」領域有關淨零減碳、推動永續發展之人才，希望未來不只在日常生活上注重節能減碳的重要性，更能透過顯示科技領域之人才協助臺灣達到淨零減碳轉型之目的，使臺灣成為零碳永續發展之環境。換言之，本書之目標為促進臺灣顯示科技領域節能減碳之人才培育，透過人才培育以加速臺灣淨零碳排之永續發展。

如圖 2-1 所示，本書思考在全球淨零減碳的過程中，顯示科技領域應該開設什麼課程？以培育減碳相關人才，預計提出合適臺灣之顯示科技淨零減碳相關課程地圖。於後續計畫中，可逐步將課程落實於顯示科技之相關系所或學程，以促進顯示科技淨零碳排人才之培養。

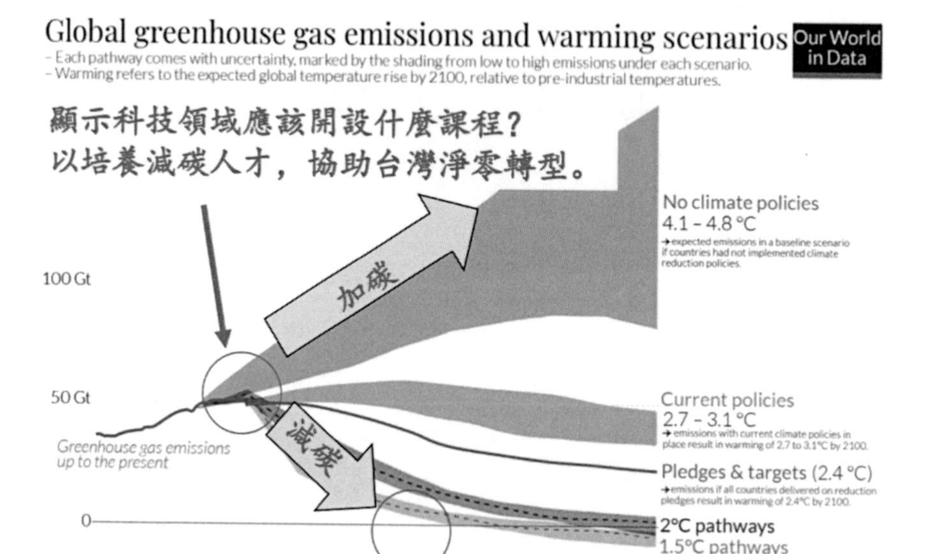

圖 2-1 全球溫室氣體排放下，顯示科技領域應該設何種課程來培育減碳人才？改編自：（Ritchie et al., 2020）

因此，本書以培育顯示科技淨零減碳人才為宗旨，分析顯示科技領域需要何種節能減碳相關之人才素養，以提出顯示科技淨零減碳課程地圖。

第三章　目標內容與工作項目

一、目標內容

為了朝 2050 年淨零轉型邁進，臺灣期望透過自然碳匯以及積極開發負碳技術來達到淨零排放（經濟部淨零辦公室，2022），除了透過積極研發，提升負碳技術外臺灣各部門也為此付諸行動，例如：透過碳管制措施來控管碳排，則是透過不同的小組以及部門來實施以及推動不同之策略，以確保臺灣產業升級的過程中，可以達到經濟、環境與能源之間的平衡。並以節能減碳為產業升級之核心概念，使產業具備綠色永續創新動能。

顯示科技相關領域須思考如何在綠色永續創新過程中扮演角色，考慮臺灣尚缺乏以節能減碳為基本核心素養之顯示科技人才培育課程。因此本書將規劃系統課程地圖以利教育機構培育臺灣顯示科技淨零轉型之人才。

分析過去相關文獻（Hashmi & Al-Habib, 2013; Schaltegger & Csutora, 2012; Slorach & Stamford, 2021; Khatri, 2022），淨零減碳之相關人才素養，並不單以「碳」為全部內含（例如碳排、減碳、或碳權等）（Karsenty et al., 2014; Slorach & Stamford, 2021），而可能以「淨零減碳」為核心，擴張至更多面向之素養（Davis et al., 2018; Oshiro et al., 2018）

（Gallego-Álvarez et al., 2015; Mishra et al., 2022）。因此，顯示科技之節能減碳人才培育課程亦應考慮其所可能展現之張力，使節能減碳課程之內涵含括 1）基礎課程（永續發展與社會責任相關基礎知識）、2）工程不分系（有關前端減碳設計之技術研發、後端減碳思維與實務之製程效率）、以及 3）進階之顯示科技等層次（例如顯示面板、顯示材料、顯示面板製成、顯示科技永續創新（例如循環經濟等））相關之課程，如圖 3-1。讓顯示科技相關人才於淨零轉型過程的不同階段或場域中，扮演重要角色。例如可透過基礎課程，提升顯示科技人才對社會永續發展之理解，或可透過工程不分系之課程學習跨技術領域之節能減碳工程應如何落實於技術研發與生產製成中，而最重要者為透過顯示科技領域節能減課程培養顯示科技領域於各重點主題之節能減碳人才。

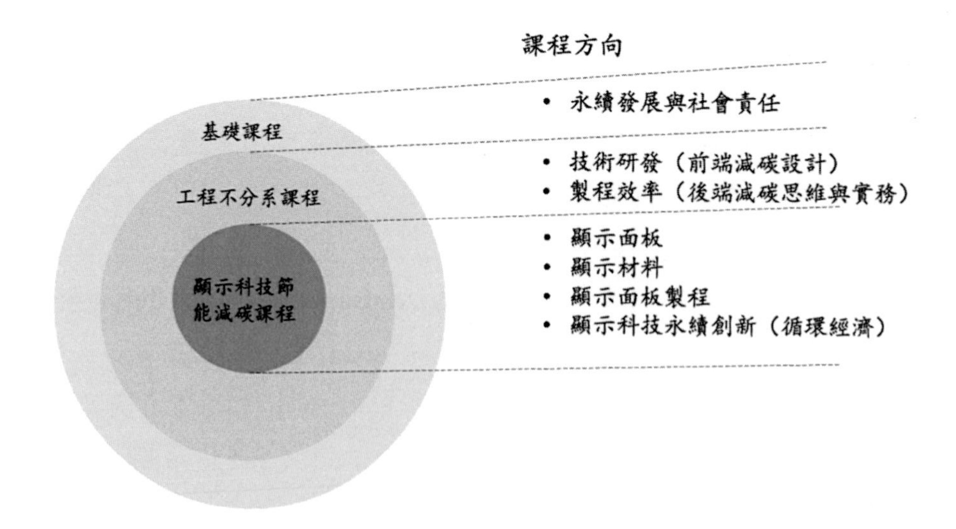

圖 3-1 顯示科技節能減碳課程地圖架構

綜上，本書目標之內容主要包含下列四項：

1) 透過深入了解碳排放相關議題，思考目前局勢所待解決之問題以及可行之辦法，蒐集國際淨零減碳相關主題與內容，再分析其相對應之專業素養，以利後續訂立相關人才培育課程之參考。
2) 透過蒐集國內外知名教育機構之節能減碳相關課程，認識現有與節能減碳議題相關之課程內容，且分析其課程所對應之目標培養能力，以作為後續規劃所培育人才素養之參考。
3) 彙整上述學術活動與相關課程，提供給顯示科技專家參考，透過專家分析臺灣於顯示科技領域所需之節能減碳人才素養為何？以及培育此些素養之關鍵課程為何？
4) 舉辦顯示科技專家座談會議，透過凝聚專家共識，規劃出顯示科技領域之節能減碳課程地圖。

二、工作項目

本書將針對淨零減碳相關議題進行資料蒐集，透過創新思維發想，探索更多可行方案；並藉由國內外知名教育機構之課程蒐集、關鍵字蒐集、專家訪談與專家座談會之舉行，提出顯示科技領域之節能減碳課程地圖。實行之工作項目如下：

1.蒐集國際淨零減碳相關主題與內容

本書將對國內外近期之碳排放相關議題進行資料蒐集與分析，了解目前之困境，並且透過更多元的面向尋找不同切入點。目前國內外針對節能減碳議題已有許多討論，並且有多項現行方案與待行之策略。基於此，顯示科技領域之淨零減碳關鍵議題為何？本項工作將蒐集顯示科技領之淨零減碳相關重要議題，以供諮詢專家了解目前最新之淨零減碳議題或活動。

2.蒐集國內外相關課程

針對國內外著名教育機構開設之課程資料進行大方向之統整。著名大學開設之課程除代表學術領域先行趨勢外，也描繪出專業能力之方向。透過蒐集國內外學術單位之課程主題、內容設計方向，了解國際間所認同之專業課程為何？本項工作將蒐集國內外知名大學所開設之淨零減碳相關課程，以供諮詢專家了解目前國內外知名大學所開設之淨零減碳相關課程。

3.蒐集淨零減碳議題相關關鍵字

本項工作為蒐集淨零減碳議題相關關鍵字，用以了解目前各領域對節能減碳議題的重點為何？其目的為促進課程發想，確保課程內涵能與全球趨勢相符，以整理出實際對產業發展有幫助的課程內容，期許未來能夠培養出專業的綠色人才，以協助臺灣產業界往淨零減碳的目標邁進。

4.蒐集相關職缺

本書目標為設計顯示科技領域節能減碳相關課程，為培養產業界綠領人才為宗旨，因此本書藉由蒐集臺灣目前產業界相關職缺，以確立業界所需人才能力為何？欠缺了哪種人才需求？該項調查得以使課程設計更符合業界所需，使學生習得的能力能與產業接軌，並協助產業發展更蓬勃。

5.進行顯示科技專家問卷諮詢或視訊諮詢

接受本書諮詢之國內顯示科技領域之學者、策略執行者、相關業者共 14 位。

接受諮詢之專家分為學術界之專家與業界專家，學術界專家能夠給予更前驅技術面向之思辯；業界專家能夠以產業角度出發，在經濟發展前提下提供淨零節能之建議方案。本諮詢工作可了解顯示科技領域淨零減碳課程之所需之人才素養與相對應之開設課程。

6.舉辦顯示科技專家座談會

彙整專家所提出之淨零減碳相關課程，並舉行專家座談會，讓專家進行討論，達到共識。本項工作係針對所提出之顯示科技領域節能減碳課程地圖產生專家共識。

三、研究架構

考慮現代社會持續進展之基本關鍵動能有二：1）人才推力：因培育某種人才，人才對社會產生影響力，進而型塑市場。2）市場拉力：為滿足市場需求而思考應培養何種人才。

請參照圖 3-2，本書以人才推力和市場拉力為主軸，淨零減碳課程代表人才推力，顯示科技市場之相關職缺為市場拉力。課程設計與市場所提供之相關職缺應能相互呼應。因此本研究蒐集顯示科技淨零減碳相關議題與內容、國內外相關課程以及市場相關職缺，將所蒐集資料提供給諮詢委員，請諮詢委員建議可開授之課程與其相關內涵。再分析專家之回覆意見，整合出初版之課程規劃共十門課，並由專家之回覆意見抽取出此領域之重要關鍵字。後續舉辦專家共識座談會，讓與會專家針對此十門課進行討論，並建議如何修訂，最終規劃出十門課程與其內涵。另一方面，以所抽取之關鍵字為核心概念，蒐集相關參考資料，以供後續開設課程之教材製作參考。

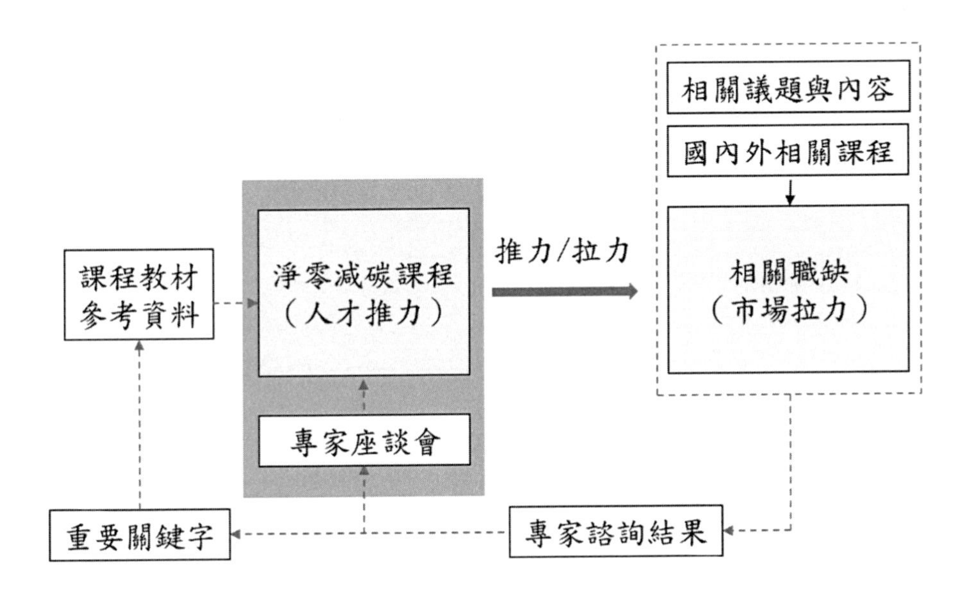
相關議題與內容
國內外相關課程
推力/拉力
課程教材
參考資料
淨零減碳課程
（人才推力）
相關職缺
（市場拉力）
專家座談會
重要關鍵字
專家諮詢結果

圖 3-2 本研究之架構圖

第四章　研究結果

一、議題蒐集

為能深入了解碳排放相關議題，針對國內與國際淨零減碳相關主題與內容進行議題蒐集，並分為通識、工程相關與顯示科技相關領域進行討論。所蒐集到的議題資料共 297 筆，其中包含：

- 國內基礎議題共 33 筆
- 國內工程議題共 55 筆
- 國內顯示科技相關議題共 41 筆
- 國外基礎議題共 84 筆
- 國外工程議題共 43 筆
- 國外顯示科技相關議題共 41 筆

總體而言，國內外針對節能減碳議題已有許多討論，並且有多項現行方案與待行之策略。基於此，本項工作蒐集顯示科技領域之淨零減碳相關重要議題，以下提供各層次議題各 30 筆資料以供參考。

1.國外關鍵議題——通識類

編號	年份	國家	發表單位
1	2010	全球	Development in Practice
議題摘錄	時代的議題：永續（sustainability） 永續影響各領域的創新，隨著時代的演變，永續是否繼續帶來影響力		
2	2022	全球	聯合國政府間氣候變遷專門委員會（IPCC）
議題摘錄	《氣候變遷的減緩》（AR6 Climate Change 2022：Mitigation of Climate Change） 探討減緩氣候變遷的科學、技術、環境、經濟和社會文獻，評估全球最新的減碳技術與趨勢。		
3	2015	全球	United Nations
議題摘錄	淨零承諾和行動。實現淨零排放需要所有政府，尤其是最大的排放國，大幅加強其自主貢獻（Nationally Determined Contributions, NDCs），並立即採取大膽的步驟減少排放。		
4	2015	全球	UNFCCC
議題摘錄	《巴黎協定》是一項關於氣候變化的法律約束力國際條約，於 2015 年 12 月 12 日在巴黎舉行的第 21 次聯合國氣候變化大會上經由 196 個締約方通過，並於 2016 年 11 月 4 日生效。作為參與國家的指導方針，其最終目標是將全球氣溫升高限制在比工業化前水平低得多的 2°C 以內。為實現這一長期的溫度目標，各國的目標是儘快實現全球溫室氣體排放的峰值，以達到本世紀中葉實現氣候中性的世界。		

5	2021	全球	UN Climate Change Conference（COP 26）
議題摘錄	在 COP26 需要達成什麼目標？ 氣候已經在變化，即使我們減少排放，它仍將繼續變化，並造成破壞性的影響。 在 COP26，全球需要共同努力，以便鼓勵和支持受氣候變化影響的國家。主要目標有兩項，其一是保護和恢復生態系統，另外則是建造防禦、警報系統和強韌的基礎設施和農業，以避免失去家園、生計甚至生命。		
6	2021	全球	聯合國氣候變化大會
議題摘錄	格拉斯哥氣候協議 1. 檢討加強 2030 年國家自定貢獻（Nationally Determined Contributions, NDC）目標強度。 2. 要求於 COP27 前提交 2050 年長期低碳發展策略。 逐步減少燃煤與淘汰化石燃料補貼。 3. 2030 年前強化非二氧化碳溫室氣體（如甲烷）減量行動。 4. 完成巴黎協定規則書制訂：國際碳市場規則。		
7	2015	全球	科學基礎減量目標倡議組織（SBT initiative）
議題摘錄	巴黎協定 1. 把全球平均氣溫升幅控制在工業革命前水準以上低於 2℃之內，並努力將氣溫升幅限制在工業化前水準以上 1.5℃之內，同時認識到這將大大減少氣候變遷的風險和影響。 2. 提高適應氣候變化不利影響的能力，並以不威脅糧食生產的方式增強氣候抗禦力和溫室氣體低排放發展。 3. 使資金流動符合溫室氣體低排放和氣候適應型發展的路徑。		

8	2021	美國	The Zero Carbon Consortium
議題摘錄	它旨在到 2050 年實現溫室氣體淨零排放，作為美國對《巴黎氣候協定》的貢獻，以努力將全球變暖限制在 1.5°C，這一目標後來在政府間氣候變化專門委員會的一份特別報告中得到強調。它還將讓其他國家對氣候安全負責，確保美國工業不會因汙染國外競爭對手而受到削弱。		
9	2021	美國	MIT Technology Review
議題摘錄	綠色未來指數是對 76 個主要國家和地區在致力於可持續未來方面的承諾和進展進行排名。排名基於每個國家在五個方面的表現：碳排放、能源轉型、綠色社會、清潔創新和氣候政策。目前，冰島、丹麥、挪威、法國和愛爾蘭排名前五。		
10	2021	美國	Federal Government of the United States
議題摘錄	《基礎設施投資和就業法案》（公共法案 117-58），也被稱為兩黨基礎設施法案，包含了多個新項目，旨在減輕氣候變化的影響，並提高地面交通系統的韌性。這些項目的資金分配既根據聯邦法規定的公式分配給各州，也通過競爭性資助項目進行。本頁面提供了有關《兩黨基礎設施法案》下一些與氣候和韌性相關的項目及相關資金的訊息。		
11	2022	美國	USEPA
議題摘錄	根據美國總統頒布的行政命令 13990《保護公共衛生和環境，恢復科學應對氣候危機》，環保署正在考慮制定法規提案，以應對美國最大的氣候和健康危害汙染源，例如交通、石油和天然氣、以及電力等行業。		

12	2022	美國	The White House
議題摘錄	今年初，拜登政府公布了刺激國家清潔能源建設的計劃，擴大資金投入，讓各州能夠制定和實施多個清潔能源計劃和項目，這些計劃和項目不僅有助於減少碳排放，還能創造就業機會，促進經濟增長，降低市民的能源成本。		
13	2022	美國	The Office of Federal Sustainability
議題摘錄	拜登總統的行政命令 14057 號，通過聯邦可持續性促進美國清潔能源產業和就業的發展，以及相關聯邦可持續性計劃（統稱為「聯邦可持續性計劃」），制定了實現聯邦機構於 2050 年實現淨零排放的雄心計畫。		
14	2015	美國	Natural Resources Defense Council, NRDC
議題摘錄	在美國，發電廠是二氧化碳汙染的最大來源，每年排放 20 億噸到空氣中。為此，歐巴馬總統的美國環境保護局在 2015 年 8 月制定了有史以來第一個關於發電廠二氧化碳汙染的全國性限制。		
15	2022	美國	The White House
議題摘錄	認識到實現能源安全的途徑是通過清潔能源，美國和日本打算加強合作，增加氣候抱負，包括通過脫碳和清潔能源來實現，並繼續在各自的國內氣候行動和加速國際氣候行動方面發揮領導作用。雙方打算在以下優先領域加強雙邊合作，實現其 2050 年淨零目標和在《巴黎協定》下對齊的 2030 年全國碳排放自主貢獻（NDCs），同時推動全球趨勢，以實現使全球溫度上升保持在 1.5°C以內的目標。		

16	2022	美國	美國參議院
議題摘錄	《清潔競爭法案》（Clean Competition Act, CCA） 2024 年開始，不論是美國本土生產的產品還是進口產品，碳含量如果低於基準線則無需繳稅，相反地，如果碳含量超過基準線，則對超出的部分徵收每噸 55 美元的碳稅。		
17	2021	加拿大	Government of Canada
議題摘錄	加拿大淨零排放責任法案。該法案的目的是要求根據最佳科學資訊設定減少溫室氣體排放的國家目標，並促進透明度、責任制和即時而有野心的行動，以支持在加拿大實現到 2050 年實現淨零排放和履行加拿大在減緩氣候變化方面的國際承諾。		
18	2022	加拿大	Government of Canada
議題摘錄	基於加拿大加強氣候計畫（2020 年）和泛加拿大框架（2016 年）中的措施，2030 年減排計畫（2022 年）提供了一個路線圖，說明加拿大將如何實現其加強版《巴黎協定》目標，即到 2030 年將排放量從 2005 年的水平減少 40-45%。		
19	2022	加拿大	Canda.ca
議題摘錄	加拿大《淨零排放測試法》於 2021 年 6 月 29 日成為法律，法案將加拿大實現於 2050 年實現淨零排放的承諾定為法定目標。該法案確保政府在達成目標時具備透明度和可追溯性。法案要求公眾參與和獨立意見，以指導加拿大政府的努力。		
20	2022	加拿大	Canadian Climate Institute
議題摘錄	加拿大已承諾在2050年實現溫室氣體淨零排放，我們有很多方法可以實現這一目標。《加拿大淨零未來》報告		

	並未推薦任何具體路徑以實現 2050 年的目標，而是提供了加拿大選擇的清晰分析，以及加拿大境內外的重要推動因素和有可能影響成功的條件。		
21	2021	英國	Acorn. Inc.
議題摘錄	蘇格蘭東北部的聖弗格斯天然氣接收站正在開發名為 Acorn 的大規模碳捕捉與封存計畫，目標在 2030 年前，每年封存五百至一千萬噸的二氧化碳。第一階段會捕捉天然氣站排放的二氧化碳，將其封存於北海海床底下；第二階段是嘗試將天然氣轉化為氫氣，透過既有管線運至英國國內運用。		
22	2022	英國	GOV.UK
議題摘錄	這個計畫將包括 CCS 基準年的資訊，設定明確的目標，以在關鍵時段內減少溫室氣體（GHG）排放，並列出我們計劃實施的項目，以實現在 2050 年達成碳中和的目標。		
23	2022	英國	The Economist
議題摘錄	ESG 雖立意良善，但有三大根本問題：目標易混為一談、誘因不夠直接、ESG 評鑑指標有問題。《經濟學人》建議目前最可行的做法是，只專注在「碳排放」，制定碳排揭露標準。（《遠見》摘錄）		
24	2019	英國	英國政府
議題摘錄	為了改善空氣品質，倫敦市中心於 2019 年 4 月推出了「超低排放區」（Ultra Low Emission Zone，簡稱 ULEZ），範圍與充滿擁擠的塞車收費區相同。目前該區域 24 小時、7 天、全年無休實施，唯獨聖誕節當天除外。每日收費從午夜至午夜計算，因此進入該區域的車輛如果在午夜前進入，並在午夜後離開，則需要支付兩天的費用。		

25	2022	英國	The Economist
議題摘錄	一般我們認為過渡到淨零碳排需要耗費很大的資金，根據麥肯錫全球研究所的數據，到 2050 年實現淨零排放所需的總投資約 275 兆美元。但在未來十年的時間，世界無論如何都必須更換汽車、燃氣鍋爐和發電廠，我們仍需要更多的能源為吃生活吃穿用度。因此，實現綠色環保所需的額外支出比實際上要小，約為 25 兆美元。英國官員估計，朝向淨零過渡的總成本的四分之三將被更高效的交通等好處所抵消，且該州在 30 年內只需每年花費 GDP 的 0.4%。因此，實現淨零的挑戰主要不是預算問題，而是結構性問題，政府如何設計政策也十分重要。碳定價並非一勞永逸的做法，在走向淨零碳排的路上，我們也需要政府對綠色政策執行給予補貼和施壓，單靠市場機制忽略了需求價格彈性的影響。		
26	2022	歐洲	丹麥政府
議題摘錄	食品氣候標籤系統 1. 在 2022 年 4 月 16 日，丹麥食品、農業與漁業部長 Rasmus Prehn 表示，丹麥政府因應氣候變遷，將投資 900 萬丹麥克朗（約 120 萬歐元）開發「食品氣候標籤系統」，成為全球第一個由政府統一管理食品氣候標籤的國家，同時成立專案小組，預計 2022 年底前會做進一步推動。 2. 自 2021 年起，丹麥政府將「碳排放」納入國民飲食指南，作為 2030 年減碳 70% 計畫的一部分。		
27	2021	歐洲	捷克政府
議題摘錄	2021 年的 COP26 的一場會議上，捷克總理提出了自身對於歐盟減碳計畫的意見，認為歐盟的一系列減碳法案以及規定除了比主要碳排放國家嚴格外，同時並未考慮		

	到各聯盟國的發展狀況以及有些提案過於激進。例如歐盟對於俄羅斯的天然氣具有高度依賴性但卻未針對此狀況改善，提出此歐盟的計畫會造成物價失衡以及生活成本大幅增加等，需要進一步的磋商並提出基於社會現況具可實現性的減排計畫。		
28	2020	歐洲	2050 long-term strategy
議題摘錄	歐盟的目標是在2050年實現氣候中和，實現溫室氣體淨排放量為零的經濟體。這一目標是歐洲綠色協議的核心，雖然是一項緊迫的挑戰，也是為所有人類建設更美好未來的機會。社會和經濟部門等所有部門都將發揮作用，包括：電力、工業、交通、建築、農業和林業等部門。		
29	2022	歐洲	Fianna Fáil, Fine Gael, Green Party（Ireland's political parties）
議題摘錄	當討論 2023 年預算和愛爾蘭政府下學期的計劃／方向時，愛爾蘭的政黨——菲安娜．法依爾黨、費恩．格愛爾黨和綠黨——分享了他們對碳稅的看法。前兩者認為應該延遲或補償碳稅的增加，因為它們對普通公民的生活成本構成了巨大的負擔，而後者認為這些稅收是對抗氣候變化的重要措施，對公民的影響不會那麼大，因此必須盡快開始。		
30	2022	法國	European Parliament
議題摘錄	法國訂定的2020年至2030年減排目標為比2005年減少36%的非歐盟排放交易體系範圍的溫室氣體排放。法國設定了 2050 年達成碳中和的目標，並提出了達成此目標的路徑。		

2.國外關鍵議題——工程類

編號	年份	國家	發表單位
1	2022	全球	International Telecommunication Union（ITU）and the World Benchmarking Alliance（WBA）
議題摘錄	國際電信聯盟（International Telecommunication Union, ITU）是聯合國專注於資訊和通訊技術的機構，發布了一份報告，記錄了全球前 150 家數位公司的能源使用情況和釋放的排放量。此報告的主要亮點包括：這 150 家數位公司在 2020 年占全球用電量的 1.6%，其中 9 家佔所有數位公司排放量的大部分，它們有能力推動可再生能源市場發展，其中 16 家公司報告稱實現碳中和，總體而言，這些公司正在通過在許多不同的行業中領導減排，例如視訊會議和交通系統，對社會產生積極影響。		
2	2022	全球	EE Times
議題摘錄	再生能源：儲能系統的下一步是什麼？當被問及儲能系統（energy storage system, ESS）技術的重大趨勢時，德州儀器網格基礎設施總經理 Henrik Mannesson 指出了三個方面。首先，功率轉換已成為 ESS 解決方案中的重要考慮因素。其次，對於家庭能源儲存解決方案，提高來回效率、熱管理、更高功率密度和整體能量儲存系統大小已成為主要的設計考慮因素。第三，在電池方面，Mannesson 和英飛凌的 Joshi 一樣，看到了向更高電壓的明顯轉變。		
3	2022	美國	CNBC
議題摘錄	根據全球風能委員會（Global Wind Energy Council, GWEC）2022年全球風能報告，去年新增93.6GW容量，		

	略低於 2020 年的 95.3GW。根據 GWEC 的說法，降低陸上風電安裝容量的主要因素是中國和美國。該報告還呼籲全球風能容量大幅提升。		
4	2022	美國	The White House
議題摘錄	作為拜登總統推出的「購買清潔」行動之一，美國各地 GSA 的建設、現代化和鋪設項目都必須符合新的標準，關於使用這些項目中低含碳的混凝土和瀝青。優先使用低含碳材料被認為可以在減少碳排放目標方面取得顯著進展，但面臨著建設承包商對材料成本增加的複雜反映。		
5	2022	美國	The White House
議題摘錄	拜登政府下的另一項跨黨派法案是 CHIPS 和 Science 法案，其重點在於增加聯邦援助，以刺激微處理器製造工廠的建設、鼓勵技術創新，並促使更多公司擴大可持續設計。		
6	2021	加拿大	The Canadian Academy of Engineering
議題摘錄	在私人和公共領域中，工程師將負責創建和實施符合雇主 ESG 原則承諾的新實踐和流程。長期風險與 ESG 問題相關的評估可能有點困難，但在氣候變化、環境惡化、平等、多樣性和包容性、大型基礎設施項目的社會許可以及與可持續發展需求相符的公司治理等問題上，對於負面影響的共識日益增加。工程師長期以來一直習慣於在立即的情況下確保公共安全和保護的角色和責任。		
7	2021	全球	聯合國氣候變化大會
議題摘錄	格拉斯哥氣候協議 1. 檢討加強 2030 年國家自定貢獻（Nationally Determined Contributions, NDC）目標強度。		

	2. 要求於 COP27 前提交 2050 年長期低碳發展策略逐步減少燃煤與淘汰化石燃料補貼。 3. 2030 年前強化非二氧化碳溫室氣體（如甲烷）減量行動，完成巴黎協定規則書制訂：國際碳市場規則。		
8	2022	英國	ARUP
議題摘錄	結構工程師是實現碳中和的關鍵。因為建築物的結構占據其總體積的 50%，所以結構工程師在實現碳中和的過程中扮演著重要的角色。碳領導論壇的「結構工程師 2050挑戰」（SE 2050）鼓勵工程師朝著體現碳指標的目標努力，同時提供必要的數據。		
9	2021	英國	WNN
議題摘錄	英國政府發布了其零碳排放戰略，闡述了該國將如何履行其承諾，在 2050 年實現零碳排放目標。新建核電站是這項戰略的重要組成部分，其中包括通過未來核能基金投資 1.2 億英鎊（1.66 億美元）來開發核項目。		
10	2018	歐洲	Sustainable Cities and Society
議題摘錄	地區在實現可持續原則中扮演著重要的角色。在過去幾十年中，為了將可持續性準則轉化為應用案例，已經開發了各種評估工具和方法。越來越多人對這種貢獻感興趣，將評估擴大到更大的領土分析和城市聚集地。然而，開發具有可持續標準的評估工具需要戰略方法，在尊重多重準則的情況下，以一致的方式測量城區的表現。其中，能源效率和零能源目標對歐洲政策具有重要意義。本研究旨在概述現有的評估工具和方法，比較它們的準則和關鍵參數。作為第二步，它引入了一種簡化的理論評估工具（U-ZED），專注於未來城區達到零能源目標的承諾。從更一般的角度來看，本研究涉及從建築到地區的工具開發挑戰，主要關注定義可持續和長期		

	地區的背景，應對 2050 年的挑戰。		
11	2021	法國	International Energy Agency（IEA）
議題摘錄	全球氫能回顧 2021 - 執行摘要 1. 氫能將成為淨零排放能源系統所需。在國際能源署的《2050 年淨零排放路線圖：全球能源部門之路》中，氫能應用延伸到能源部門的多個領域，並且將從現有水平增長六倍，到 2050 年占總最終能源消耗的 10%。全部氫能都來自低碳能源。 2. 加拿大和美國是化石燃料經捕獲、利用和儲存（CCUS）生產氫能的領先國家，佔全球產能的 80%以上。不過，英國和荷蘭正力爭成為該領域的領先者，並且正在開展大量項目。 3. 正在開展用氫能在工業應用，例如水泥、陶瓷或玻璃製造方面的展示項目。 4. 低碳氫能的一個關鍵障礙是與未經減排的化石燃料氫能之間的成本差距。目前有多種關鍵的氫能技術仍處於早期發展階段。我們估計，全球需要盡快投入約 900 億美元的公共資金用於清潔能源創新，其中約一半用於氫能相關技術。		
12	2010	中國	工程管理學報
議題摘錄	溫室氣體（GHG）的排放引起全球氣候變暖已成為國際社會普遍關注的焦點問題。建築及其相關產業的活動產生大量的溫室氣體，為了分析建築生命週期溫室氣體的排放情況，文章基於生命週期（LCA）評價理論，界定了建築生命週期碳排放的核算範圍，建立了建築生命週期碳排放的核算模型。選取北京地區鋼筋混凝土結構低層住宅作為案例研究，對其生命週期碳排放進行了測算，並根據測算結果，探討了減少建築業碳排放的途徑。		

13	2022	美國	McKinsey & Company
議題摘錄	低碳趣味：製造房車更綠色化。一些減碳選項已經存在。當將綠色電力與當前生產技術或幾種較新的技術結合時，這些解決方案可以降低排放。為房車行業創造更多更綠色的價值是一個機會。		
14	2022	美國	Tesla
議題摘錄	V4 充電樁：這座超充站將配備 40 座充電樁，還有太樣能發電板以及 Megapack 儲能裝置，假設儲滿電的情況下，可以提供超過 30 輛電動車使用。透過這樣的配置，特斯拉將可以大幅降低電動車的主要碳排放來源，也就是電力來源的碳排放，達成更高的綠電比例。		
15	2022	加拿大	SNC-Lavalin Group Inc.
議題摘錄	分析加拿大工程是否在達成 2030 年目標的軌道上，包括電力、運輸、油氣等領域，在未來 8 年內應該採取什麼行動。		
16	2021	加拿大	CarbonCure Technologies Inc.
議題摘錄	以化學方式，將從工業排放物捕獲的二氧化碳，轉化為奈米礦物質，並永久嵌入混凝土中，不僅提高混凝土的抗壓強度，使混凝土生產商能夠提高製造效率，也減少混凝土的碳足跡，共同倡議綠色混凝土科技。		
17	2022	英國	frontier
議題摘錄	本文的主要焦點是解決煉油廠的範圍 1 和 2 排放，以類似的從井口到儲油罐的分析方式來處理。然而，這些活動可能只占油製品排放量的 10% 至 20%，而其餘的 80% 至 90% 與燃料使用有關（Total, 2020; Bieker, 2021）這些所謂的範圍 3 排放涵蓋了消費者的燃料燃燒（從儲油罐到車輪）以及公司價值鏈中的燃放等其他活動。為了		

	實現淨零願景，範圍 3 排放最終需要與範圍 1 和 2 排放一起被消除或抵銷。 除了 DAC 之外，工程二氧化碳去除技術還包括使用具有碳捕獲和封存技術的生物原碳餌料進行生物能源生產，也稱為 BECCS（Fajardy 和 Mac Dowell，2017）。CO2 捕獲和利用技術的高滲透率結合綠氫的發展也可以實現合成燃料，只要其生產過程是碳中和的，就具有在整個從井口到車輪的生命週期中幾乎零排放的潛力。儘管合成燃料的經濟效益目前受到高能耗的阻礙，但隨著技術規模的擴大，生產成本有望下降（E4tech, 2021; Gudde 等，2019; Daggash 等，2018）。此外，各種化學原料和產品可以通過塑料廢料回收被替換，從而降低範圍 3 排放並實現循環碳經濟。例如，塑料廢料的熱解可以替代原生石蠟，每噸塑料可降低約 400 kgCO2，eq 的總影響（Jeswani 等，2021）。		
18	2022	英國	The Manufacturer
議題摘錄	英國增長最快的製造業會員團體之一，已與 Ecologi 合作，幫助英國企業應對氣候變化。該團體的目標是鼓勵製造商更有效地利用計算碳足跡，幫助他們朝著淨零未來邁出下一步，通過這種夥伴關係，幫助製造商可視化他們的碳足跡，並了解看似微小的行為如何產生的積極影響英國工業的未來：可持續發展的工業、管理和減少我們的碳足跡。		
19	2022	歐洲	HYBRIT
議題摘錄	HYBRIT 正在努力開發第一種無化石燃料的鋼鐵。HYBRIT 技術有潛力至少減少瑞典的總二氧化碳排放量 10%，相當於工業排放量的三分之一，將來有可能幫助全球減少鐵和鋼生產的排放。		

20	2022	法國	ArcelorMittal. Inc
議題摘錄	全球鋼鐵巨頭安賽樂米塔爾（ArcelorMittal）位於法國北部敦克爾克（Dunkerque）鋼鐵廠將於今（2021）年底試行DinamX碳捕捉實驗計畫，利用法國能源智庫IFPEN（IFP Énergies nouvelles）開發之技術，成本可減少三成，高爐釋放的二氧化碳經回收後，須暫存再經管線輸往港口接氣站接收站或逕存地下儲槽。TotalEnergies 等大型工業集團普遍認為，目前規劃此等設施僅在大型排放源（如鋼鐵廠、水泥廠及焚化爐等）集中之工業園區可行。		
21	2022	美國	Water Environment Federation（WEF）
議題摘錄	世界經濟論壇與一個多學科研究小組合作，研究使用熱解技術來有效清除全氟和多氟烷基物質（PFAS）的效果。熱解是有機材料通過加熱進行的化學分解過程，可以產生生物炭和煤氣，這些可以再利用來發電。		
22	2021	加拿大	North Toronto Treatment Plant（NTTP）
議題摘錄	NTTP 計劃使用 ZeeLung 膜曝氣生物膜反應器（Membrane Aerated Biofilm Reactor, MABR）系統來增強其汙水處理能力，並實現高水平的硝化，該系統可以增加處理能力，而無需建設新基礎設施，同時減少能源消耗。		
23	2022	日本	Daigas Group
議題摘錄	挑戰開發世界上最高效的合成甲烷生產技術。 SOEC 甲烷化相關的技術，並建立可實現世界最高水平能源轉換效率的合成甲烷生產技術。		

24	2021	美國	Nature's Fynd
議題摘錄	火山真菌肉：利用微生物當作原料的做法，大大提高造肉的效率，同時還可以降低成本，讓替代性肉品日後在市場上的售價更具競爭力。		
25	2019	加拿大	ELYSIS
議題摘錄	ELYSIS 首次使用惰性陰極生產了一批商業化低碳鋁，利用突破性技術在冶煉過程中只產生氧氣作為廢棄物。這是他們實現鋁生產零直接溫室氣體排放的最終目標邁出的一步。		
26	2022	美國	Boston Metal
議題摘錄	波士頓金屬公司開創性地使用熔融氧化物電解來進行綠色鋼鐵製造。		
27	2022	挪威	SINTEF 挪威科技工業研究院
議題摘錄	我們面臨的最大社會挑戰之一就是大氣中過多的二氧化碳。碳捕獲和封存（CCS）是一個集體的術語，指的是捕獲、運輸和安全永久地將二氧化碳排放儲存在地下的氣候技術。其目標是減少二氧化碳排放到大氣中，並有助於實現全球減少全球暖化的目標。		
28	2022	美國	AT&T
議題摘錄	IoT 解決方案使建築業者能夠監控和管理多種不同類型的建築基礎設施，包括照明、暖通、冷卻和其他機械設備，以最優化它們的使用。AT&T 在內部使用了這種技術，結果每年節省了 6300 萬度電——這是在能源危機中非常重要的差異。AT&T 在技術上的內部成功是導致為客戶部署解決方案的原因。		

29	2011	美國	springer link
議題摘錄	有許多人認為，用獨立於電網的 LED 照明系統取代發動機燃料照明系統，可以減少發展中國家的溫室氣體排放，這種看法意圖良好，但缺乏實際可行性。目前最主要的量化發展中國家項目獲益並將其納入碳信用交易的系統是清潔發展機制（CDM）。然而，CDM 現行的高度去中心化、小型節能項目方法學被開發商視為繁重、耗時和昂貴，這被大多數估計所忽略。因此，CDM 最近優先改進了估算用節能替代方案取代燃料照明所減少二氧化碳排放量的方法。總體目標是在不阻礙現場可持續減排項目和計劃的情況下維護環境完整性。本文提出了一個新框架，將分析焦點從成本高昂且基礎狹窄不確定的估算轉移到基於規定值的簡化方法上，重點關注替代照明系統的質量和性能特徵，有助於這個進程。		
30	2022	澳洲	University of Sydney
議題摘錄	一個最新科技的生物消化器已經在悉尼大學安裝完成，用於將有機廢料無臭地處理並轉換為堆肥以在校園中使用。		

3.國外關鍵議題——有關顯示科技

編號	年份	國家	發表單位
1	2022	韓國	Korea Display Industry Association
議題摘錄	宣布有必要改善可再生能源系統，以加強企業的 ESG 管理競爭力，例如降低電力購買協議（power purchase agreements, PPA）成本，以及改變綠色電價制度的合約方式。		

2	2021	韓國	South Korea government
議題摘錄	韓國成立了一個新委員會，與晶片和顯示產業的商業團體合作，旨在降低溫室氣體排放，符合該國實現在 2050 年全面實現碳中和的願景。該委員會將共同努力開發環境友好技術，以減少排放。		
3	2021	美國	Metaverse
議題摘錄	使用 VR 視訊會議，適合團隊用來保持聯繫、協作及激發靈感的 VR 空間。即使與團隊成員分隔世界兩地，也能與彼此面對面交談。		
4	2022	美國	NVIDIA
議題摘錄	發表「全息眼鏡」（Holographic Glasses），透過僅 2.5 毫米薄的鏡片，便可展示出全彩 3D 全息影像。相較於傳統的 VR 眼鏡藉鏡片將影像放大，讓人有身歷其境的感覺，全息眼鏡則是將 VR 大幅縮小眼鏡中必備配置的體積，史丹佛大學（Standford University）與輝達（Nvidia）共同研發。		
5	2022	美國	E Ink Holdings Inc.
議題摘錄	全球數位紙技術領導者 E Ink Holdings Inc.（E Ink）宣布將與顯示技術領導者 Sharp Display Technology Corporation（SDTC）合作，並將在其電子閱讀器和電子筆記本產品中使用 IGZO*2 背板的電子紙模組。電子閱讀器估計可減少 10 萬次二氧化碳釋放，這是與電子紙相關的下一代顯示技術。		
6	2022	美國	CISION PR newswire
議題摘錄	LG Display 於 2021-2022 年度的可持續發展報告中，包括了企業的環境、社會、和治理（ESG）活動與成就。該報告第十一版紀錄了過去一年的 ESG 活動與成就，以		

	及公司在追求更綠色星球方面的短期和長期目標。在環境方面，公司強調了其持續努力減少對環境的影響，以及應對全球氣候危機的措施，包括設定減少溫室氣體排放目標、轉換為可再生能源以及開發環保技術。LG Display 於 2021 年在國內工廠實現了 98.4% 的廢棄物回收率，比前一年提高了 1.3%。此外，公司於 2021 年 4 月成立了自己的 ESG 委員會，以研討重要策略，例如確定其九個核心 ESG 領域，並於 2021 年 7 月成立了內部交易委員會，以加強公司內部交易的公平性和透明度。		
7	2022	美國	戴爾科技集團
議題摘錄	戴爾科技集團訂定至2030年，客戶每買一件產品，戴爾科技集團就回收一件等同的產品，並且 100% 包材及 50% 的產品材料來自回收或可再生原料。於 2019 年戴爾科技集團帶動全球供應鏈減少 150 萬噸碳排放，等同種植 2.5 億棵樹，規劃於 2030 年供應鏈碳排放降低 60%、75% 的戴爾設施電力將來源於可再生能源。		
8	2022	美國	Alaska Airlines
議題摘錄	美國阿拉斯加航空宣布將推出 etag 行李標籤。		
9	2022	美國	Apple
議題摘錄	通過使用可再生或回收材料和可再生能源製造節能產品。		
10	2022	英國	Dr Paul Cain is Strategy Director at FlexEnable
議題摘錄	Flexible displays 重新定義了我們可以如何使表面活躍起來的地方和方式。有機電子技術實現了低溫（也就是低能量）製造，這使得柔性顯示器更容易、更便宜地製		

	造，同時減少了環境影響。所有的製造過程都對環境有影響，而關鍵是要在不抑制技術和產品創新進展的情況下最大限度地減少它。		
11	2022	荷蘭	Philips
議題摘錄	Philips產品的製造和使用佔總環境影響的約80%。這就是為什麼我們大量投資於可持續創新的原因。通過我們的EcoDesign計劃，我們不斷努力減少我們的醫療設備和個人健康產品在使用階段的能耗。通過我們的循環經濟計劃，我們最大化產品和解決方案的使用價值，同時最小化新材料和資源的使用並消除浪費。除了產品回收、翻新和回收外，我們通過智能數位解決方案和創新服務模式（例如軟件即服務）實現這一目標。數字工具和服務模式支持向非物質化的驅動，以最小的資源提供最大的價值。		
12	2022	法國	LivingPackets
議題摘錄	發表一種可重複使用的智慧包裝盒，以電子紙顯示器取代傳統的紙質印刷標籤。		
13	2021	日本	Cross Space
議題摘錄	使用3D裸視電子看板，廣告牌使用特殊的90度角螢幕來營造深度的視覺錯覺，使人無需佩戴任何特殊眼鏡，光用肉眼就能看到活靈活現的3D貓。		
14	2022	日本	Japan Display. Inc
議題摘錄	Japan Display Inc.（JDI）致力於減少導致氣候變化的溫室氣體，為零碳家園做出貢獻。位在JDI的鳥取工廠（日本）及JDI在中國的製造子公司蘇州JDI Electronics Inc.（SE）透過在屋頂架設太陽能發電。預計發電量將覆蓋c。SE工廠白天用電量的20%。		

15	2022	日本	Sharp
議題摘錄	為了實現製造和物料方面的環境目標，Sharp 設定了以下措施，例如在企業活動中減少能源消耗，以降低溫室氣體排放量，以及開發環保產品，以減少溫室氣體排放量。		
16	2009	日本	Sony
議題摘錄	Sony 透過創新技術改善並結合簡單易行的節能設計，持續降低其電視的碳足跡。本案例也提供了 Sony 的主要挑戰：在市場擴張下減少產品使用的總排放（完整性）。學習目標有提出強有力的論點，指出具有挑戰性的 CO2 減排目標會引發創新，因此有助於商業發展和成長，並且示範如何創造、開發和推銷環保產品。		
17	2022	日本	SONY
議題摘錄	Sony 宣布加快實現全價值鏈包括 1 至 3 範疇的碳中和目標，從原本的 2050 年提前至 2040 年，同時將實現 100% 可再生能源在自身營運中的目標從 2040 年提前至 2030 年。該公司總部位於日本東京。		
18	2021	韓國	LG
議題摘錄	LG 電子公告最新《LG 電子永續報告書》，當中最大亮點是宣示在 2050 年前達成全面使用再生能源的永續發展目標，承諾於 2030 年實現「碳中和」並將製造階段的碳排放量減少至 2017 年的一半。		
19	2022	韓國	LG Dispay
議題摘錄	LG Display 正在不斷努力減少溫室氣體排放。LG Display 正在進行廣泛的環境投資，例如將溫室氣體排放的主要來源 SF6 氣體替換為 GWP（全球變暖潛能值）較低的其他氣體，或在使用溫室氣體（如 SF6 和 NF3）		

	的過程中安裝減排設施。此外，通過開展全公司範圍內的節能項目，LG Display 不僅在應對排放權交易制度方面，而且在應對氣候變化風險方面確保了競爭力。因此，LG Display 已在 2021 年減少溫室氣體排放量 1,708,567 tCO2，並計劃開發和應用工藝氣體的高效減排技術，以實現未來工藝的溫室氣體零排放，戰略性轉向可再生能源，並繼續開發低功耗環保產品。		
20	2020	韓國	LG Display
議題摘錄	LG Display 的 OLED 電視面板已經通過 SGS 的環保產品認證。		
21	2021	韓國	LG Display
議題摘錄	LG Display 宣布，去年相較於 2014 年，減少了約 300 萬噸二氧化碳當量的排放量，顯示了其成為全球領先顯示技術創新者的決心。公司已經投資超過 370 億韓元，用一種對環境影響更小的氣體取代了製造過程中使用的溫室氣體硫化氫（SF6），並建立了減排設施，可幫助該公司減少 90% 以上的溫室氣體排放。此外，公司的 OLED 技術需要的零部件比其 LCD 對應產品要少，不像 LCD 需要由塑料零件組成的背光單元，這有助於顯著減少資源和有害物質的使用率。而且，儘管 79.1% 的 LCD 面板可以被回收利用，一個 OLED 面板可以回收利用 92.2% 的零部件。		
22	2022	韓國	LG Display
議題摘錄	LG Display 實施了一種名為 Eco Index 的測量系統，以評估其產品的環保因素，並從開發階段開始識別需要改進的領域。它被用於評估公司的 65 英寸 OLED 顯示屏的生產，結果使用的原材料類型和比例被更換為更容易回收的材料，提高了其回收率達到 92.7%。		

23	2022	韓國	Samsung
議題摘錄	2022 年三星電視獲得碳減排認證，三星一直致力於推動產品創新，同時也積極推動環境可持續技術的形成和實施。在 2022 年國際消費電子展的主題演說中，三星電子裝置體驗（DX）部門的副董事長、CEO 兼負責人 Jong-Hee（JH）Han 發表了《共同為未來》的願景，強調了三星致力於創造可持續的未來並作為全球社會的一部分進行合作，以保護我們的星球。 作為該計劃的一部分，三星的視覺顯示業務計劃在生產其顯示產品時使用約 30 倍於 2021 年的再生塑料。三星還揭示了其計劃，即到 2025 年將在所有手機和家電產品中擴大再生材料的使用。 此外，三星一直在採取各種可持續的做法，以減少產品生命周期對環境造成的影響。公司的「綠色包裝」計劃讓消費者將電視產品的包裝升級為多功能家具，並且今年採用了耗墨量減少 90% 的產品包裝，同時在生產過程中取消了訂書針。 三星還將太陽能電池遙控器擴展到 2022 年的所有電視機型上，該遙控器具有內置太陽能板，可消除電池廢棄物。此外，三星還開發並應用一種由再利用的海洋塑料製成的新材料到 2022 年的高分辨率顯示器 S8 中，以減少海洋垃圾並最小化環境足跡。		
24	2021	韓國	Samsung / LG
議題摘錄	韓國家電品牌三星和 LG 在減少碳足跡方面提出了新的標準。三星電子宣布其四款高性能系統 LSI 產品獲得碳足跡標籤認證，使其半導體芯片的碳足跡標籤總數達到 14 個。該標籤認證了該芯片的碳足跡，並告知消費者該產品及其製造過程對環境的影響。Carbon Trust 是一家獨立的專家合作夥伴，為全球組織提供建議，協助企業		

	在可持續、低碳的世界中發現機會，同時測量和認證組織、供應鏈和產品的環境足跡。		
25	2022	韓國	Samsung Electronics
議題摘錄	2022 年，包括三款 Neo QLED 8K 型號、三款 Neo QLED 4K 型號、兩款 QLED 型號、兩款 Lifestyle TV 型號和一款 Crystal UHD TV 型號在內的 11 款 Samsung 電視獲得了碳減排認證，通過減輕產品重量和使用階段的功耗降低影響環境的程度。作為該倡議的一部分，三星的視覺顯示業務計劃使用約 30 倍於 2021 年的回收塑料來生產其顯示產品。三星還透露，其計劃到 2025 年將回收材料的使用擴展至所有移動和家用電器產品。		
26	2022	中國	TCL
議題摘錄	全球領先的智能科技公司 TCL 今天重申了其應對氣候變化、實現碳中和以及為國家綠色發展目標做出貢獻的集團承諾和決心。2020 年企業社會責任（CSR）報告。此外，TCL 還帶頭生產綠色產品，開展節能減排項目，以推進聯合國（UN）可持續發展目標。		
27	2022	中國	碳排放交易網
議題摘錄	BOE（京東方）VUSION 系列電子價簽產品獲得 SGS 頒發的產品碳足跡核查評估報告。碳足跡核查評估報告計算電子價簽產品全生命周期的碳足跡能源消耗。京東方電子價簽產品為無紙化顯示技術，大大降低紙質標籤用材浪費，根據中國產品全生命週期溫室氣體排放係數集（2022）核算，以 2.6 英吋電子價簽為例，相較於傳統紙質標籤降低了约 67% 的碳排放。目前京東方電子價簽已在全球零售领域得到廣泛應用，截至 2021 年，產品全球出貨量近 3 億只，每年變價 50 億次，相當於節約紙張 6000 噸，保護樹木 10 萬餘顆，相當於減少碳排放的同時可再吸收 1800 噸碳排量。		

28	2020	德國	Karlsruhe Institute of Technology（Heidelberg InnovationLab）
議題摘錄	利用電致變色效應（electrochromic effect），創造了第一個可以透過噴墨印刷生產的生物可分解顯示技術。此技術耗能低，結構簡單且生物相容性高，適用於醫藥和食品包裝等短壽命應用領域。		
29	2019	中國	Nature Communications
議題摘錄	吉林大學超分子結構與材料國家重點實驗室的研究人員，開發出一種具有高能源效率、高色彩效率和短電壓刺激時間的雙穩態電子顯示器原型。像是電子廣告看板、智能眼鏡、可重寫電子紙和閱讀器以及彈性顯示器等原型，可作為商業化更節能顯示器的起點。		
30	2015	西班牙	MDPI
議題摘錄	本文概述了顯示器的主要製造技術，尤其關注低功耗和超低功耗顯示器技術，使它們適用於當前社會需求。考慮到從製造商規格獲得的典型值，首先選擇了四種技術：液晶顯示器、電子紙、有機發光顯示器和電致發光顯示器。對於每種顯示器，評估了多種特性，包括尺寸和亮度，以確定可能的比例關係和功耗率。為了將不同類型的顯示器進行比較，提出了相對單位，如表面功率密度和顯示器正面光強度效率。在小尺寸顯示器方面，有機發光顯示器在功率密度方面表現最好。對於更大的尺寸，它的能源效率比液晶顯示器差。		

4.國內關鍵議題——通識類

編號	年份	國家	發表單位
1	2022	臺灣	行政院
議題摘錄	行政院會已於111年4月21日通過環境保護署所提出的「溫室氣體減量及管理法」修正草案，並且將其名稱更名為「氣候變遷因應法」。此次修法的目的不僅在於將國家長期減碳目標修改為「2050年淨零排放」，還增加了氣候變遷調適專章以及氣候治理的基本方針和重要政策。修法規定由行政院國家永續發展委員會協調、分工與整合，地方政府也要成立「氣候變遷因應推動會」。另外，為因應國際經貿情勢，修法也納入實施碳定價措施，同時加強氣候變遷人才培育和技術發展。蘇貞昌院長表示，此次修法的重點在於達成國家的減碳目標，進一步推動永續發展，並進行全面的氣候變遷因應。		
2	2021	臺灣	環保署
議題摘錄	節能減碳相關政策與行動，偕同六大部門：能源、製造、運輸、住商、農業及環境推動「溫室氣體排放管制行動方案」，並凝聚地方政府與民間量能。		
3	2022	臺灣	環保署
議題摘錄	禁用一次性塑膠杯，從2022年7月1日起，全臺連鎖飲料店、連鎖便利商店、連鎖速食店及連鎖超市，都必須為購買飲料且自備容器的消費者提供至少5元優惠。 2023年1月1日開始，連鎖便利商店及連鎖速食店必須提供循環杯租借服務。 2024年12月31日前，各地方政府須提報飲料店限用一次性塑膠飲料杯的時程。		

4	2022	臺灣	環保署
議題摘錄	村里減碳拚淨零、節能創能、化廢為寶銀級社區創意多。透過實踐低碳生活，落實在地氣候調適，也將匯聚達成淨零碳排的能量，成為臺灣邁向2050淨零碳排目標的關鍵力量。牛舍屋頂設光電板發電，農廢變綠肥再利用。推廣節能減碳、持續辦理低碳環保課程，包含推動「綠能節電」，將社區活動中心照明設備和里民信仰的廟宇照明燈具、光明燈、太歲燈等，全面汰換成LED燈，年平均減碳量約10,970公斤；再將里內原有水銀路燈，逐年換成亮度相同但耗能更低的LED路燈，年減碳量約116公噸。將農業廢棄物「化廢成寶」，推廣給農戶作為友善耕作的養料，減少使用化肥，達到維護自然生態環境，也降低碳排及空汙，並吸引更多居民投入實踐與感受環境永續、循環經濟的綠色生活價值。		
5	2022	臺灣	國家發展委員會
議題摘錄	去年，蔡總統宣布臺灣將與全球其他國家一同致力於在2050年實現淨零排放。今年，更具體的實現目標公布，主要聚焦於技術創新與應對氣候變遷。必須在能源、商業、生活和社會等領域進行四項主要改變。透過激發相關技術創新、投資研發、帶領企業走向綠色發展同時增加經濟成長，政府致力於讓國家成為一個更好的環境，不僅是現在的公民，也是未來的世代。		
6	2022	臺灣	國家發展委員會
議題摘錄	我國2050淨零排放路徑將會以「能源轉型」、「產業轉型」、「生活轉型」、「社會轉型」等四大轉型，及「科技研發」、「氣候法制」兩大治理基礎，輔以「十二項關鍵戰略」，就能源、產業、生活轉型政策預期增長的重要領域制定行動計畫，落實淨零轉型目標。		

7	2022	臺灣	國家發展委員會
議題摘錄	標題：Net Zero inside！淨零碳排成臺灣企業競爭力 產業淨零轉型方面，經濟部將會與各個產業公協會以及大型龍頭企業合作，共同規劃企業淨零排放路徑，並鼓勵「以大帶小」的方式，讓大企業帶著底下供應鏈，共同減碳。游局長指出淨零轉型確實有很多壓力，但也存在商機。若企業把轉型當成商機，會是很好的誘因並產生競爭力。經濟部一定會跟企業界共同來討論未來具體的路徑，會結合產業協會以大帶小，透過大量的溝通來逐步的推動。政府也依據企業的意見來調整方向，跟大家共同合作打拼淨零轉型的工作。		
8	2006	臺灣	環保署
議題摘錄	溫室氣體減量及管理法： 溫室氣體減量工作需要長期投入且為跨部會共同推動工作，其中政府推動能源轉型至為關鍵，以新節電運動抑制能源需求亦不可或缺，為落實減碳目標，政府同步端出減量配套方案及具體措施，包括行政院於 107 年 3 月 22 日核定國家整體的「溫室氣體減量推動方案」（以下簡稱推動方案）後，再於 107 年 10 月 3 日核定經濟部、交通部、內政部、行政院農業委員會及本署等陳報能源、製造、運輸、住商、農業及環境等六大部門「溫室氣體排放管制行動方案」（以下簡稱行動方案），將由六大部門共同承擔減碳責任，持續整合跨部會量能，滾動檢討以逐步精進溫室氣體排放減量工作。		
9	2022	臺灣	經濟部
議題摘錄	台糖公司的循環豬場—虎尾場是首座完成的場區，於 2022 年 7 月 25 日啟用。虎尾場實踐畜電共生，將糞尿醱酵後產生的沼氣直接轉化為綠電，設置了 100KW 沼氣發電系統，年發電目標為 65 萬度。此外，畜舍屋頂也搭		

	建了 2MW 太陽光電系統，既能降低豬舍內溫度，也能產生電力，預計年發電量達 200 萬度。虎尾場整體綠能年發電目標達 265 萬度，年減碳效益約為 1,325 公噸 CO_2e，減排除臭零廢無汙。根據今年 3 月公布的臺灣 2050 淨零排放路徑藍圖，我國甲烷排放量居於第三，占比 1.67%，但其暖化能力約為二氧化碳的 25 倍，而農牧業又為甲烷排放主要來源，因此減排減廢、節能減碳將是未來畜牧轉型的重要課題。		
10	2022	臺灣	經濟部
議題摘錄	經濟部攜手台塑，建立首座「二氧化碳捕捉及再利用」示範場域，帶動淨零轉型破億投資。		
11	2021	臺灣	經濟部
議題摘錄	在由中華全國工商業聯合會舉辦的脫碳論壇上，宣布了國家供應鏈實現綠色化和減少碳排放的希望，但實現淨零排放目標面臨著一個巨大的障礙。臺灣作為全球供應鏈的一部分，製造商需要專注於如何滿足國際公司的碳排放要求，以避免被斷開供應鏈。雖然這不是一個容易實現的任務，但企業一直在不斷改進程序並替換某些材料，例如中鋼公司已經將鐵礦石替換成回收的鐵屑。		
12	2022	臺灣	經濟部商業司
議題摘錄	減碳執行成果、第一階段管制達成情形，與未來推動重點，例如加強輔導企業減碳管理、轉型，以及加強消費者提升綠色消費意識。		
13	2022	臺灣	經濟部淨零辦公室
議題摘錄	強化 2050 淨零轉型政策規劃與執行推動及成果擴散之溝通整合，描述目前溫室氣體排放量與未來目標、各部會的目標與執行方針、國際公約與減碳方式參考。		

14	2022	臺灣	經濟部
議題摘錄	本用電碳排簡易計算，針對多數以用電為主之公司型態，能初步估計公司溫室氣體排放現況，係數引用來源主要依據環保署國家溫室氣體登錄平臺「溫室氣體排放係數管理表 6.0.4 版」，電力排放係數使用 110 年係數為基礎，結果將根據填報數據計算。		
15	2021	臺灣	臺北市淨零白皮書
議題摘錄	為解決氣候變遷所帶來全球氣候危機，世界各國 2015 年簽訂巴黎氣候協定，共同減少排放溫室體，以將全球升溫控制在工業化前 1.5℃ 內為努力目標。2018 年聯合國氣候報告指出，全球升溫仍持續惡化，要避免氣候變遷成為無法回復的災難，人類必須在 2050 年前實現淨零排放。 身為地球村一份子，柯文哲市長已於 2021 年地球日宣示臺北市與國際同步追求 2050 淨零排放願景，並於 2021 年 10 月率全國之先提出臺北市 2050 淨零排放路徑，未來 30 年臺北市將從智慧零碳建築、綠運輸低碳交通、及全循環零廢棄等 3 大路徑，推動住商、運輸、及廢棄物部門減碳工作，努力在 2030 年減碳 30%（較 2005 年）、2040 年減碳 65%，及在 2050 年達到淨零排放之目標。		
16	資料中未標示	臺灣	遠見：國發會臺灣 2050 淨零排放路徑及策略
議題摘錄	國發會提出了臺灣 2050 淨零排放路徑及策略，包括五大路徑規劃和四大轉型策略。五大路徑規劃是在建築、運輸、工業、電力和負碳技術等領域提出措施，如建築方面達到能效 1 級或近零碳建築，運輸方面改變運輸方式、降低運輸需求及運具電氣化，工業方面提升效能、		

	燃料轉換、循環經濟及創新製程（低碳製程），電力方面持續擴大再生能源，發展新能源科技、儲能及升級電網，負碳技術方面則致力於發展淨零技術及負排放技術。四大轉型策略是針對能源、產業、生活和社會等方面提出措施，如能源方面包括風力、太陽光電系統整合及儲能、新能源（氫能、深層地熱、海洋能等），打造零碳能源系統，生活方面從食衣住行推動零碳生活，社會方面落實公正轉型及公民參與。此外，國發會提出兩大治理基礎，包括科技研發，致力於發展淨零技術與負排放技術，以及氣候法制，定法規制度及政策基礎、碳定價與綠色金融。		
17	2009	臺灣	臺灣綜合研究院
議題摘錄	我國能源政策規劃以調合 3E 發展為目標，積極建構能源部門因應溫室氣體減量之能力，並規劃能源發展綱領有關能源使用評估 制度立法，與國際發展趨勢相吻。		
18	2019	臺灣	中央研究院
議題摘錄	本建議書針對臺灣未來因應國際社會的減碳行動，提出三項核心建議。首先，我們建議立即啟動「臺灣深度減碳途徑」規劃，以配合 2030 永續發展目標和巴黎協定的長期減量策略。其次，我們建議以「多元利害相關人對話平臺及公眾審議程序」開展深度減碳社會溝通，以促進減碳行動的公共參與和社會共識。最後，我們建議建構穩健的氣候變遷法規體系和產業環境，以支持減碳行動的實施和監測。我們相信這三項建議能夠為臺灣未來的深度減碳行動提供方向和支持。		
19	2021	臺灣	循環臺灣基金會
議題摘錄	循環經濟是實踐淨零排放的重要解方。		

20	2022	臺灣	金管會
議題摘錄	推出「綠色金融行動方案 3.0」，由金融業以自身投融資的力量，導引或驅動企業做淨零轉型，如金融業可透過與企業議和、共商對策，或減碼貸款利率以鼓勵企業做淨零碳排，藉由強化金融業的角色，促使企業轉型到低碳或零碳經濟的最終目標。		
21	2019	臺灣	綠色和平
議題摘錄	1. 21 世紀末臺灣可能增溫超過 3℃。 2. 21 世紀末全球海平面可能上升 0.63 公尺，但臺灣目前尚未有海平面推估的研究成果。 3. 若不積極投入減碳，全球升溫與海平面上升速度仍可能較推估值快，氣候變遷所造成的威脅依舊存在。 4. 氣候變遷調適行動不能只是短期工作，政府需要擬訂長期的氣候變遷調適行動計畫，建立長期一致的目標和方向以具體落實政策綱領。		
22	2021	臺灣	遠見雜誌
議題摘錄	政府和企業如何及早做好低碳轉型的準備與行動，李宜樺認為，臺灣企業擁有強大的技術和創新能力，面對淨零碳排新賽局也擁有很好的國際競爭力，尤其是許多領頭羊企業，其實目前都早已運用 AI 大數據的分析能力，去監控生產環節、建立降低排碳等機制。未來若能進一步集體結盟，協助自身的供應鏈或其他中小企業做到節能減碳，勢必更能加速臺灣減碳腳步，創造永續發展生態系，擴大 ESG 影響力。		
23	2021	臺灣	工商雜誌
議題摘錄	臺灣有機會成為可持續發展的領導者，將其作為經濟未來的核心。但是，要確保這樣的轉型造福於所有相關利益相關者，需要商界、政府、學術界和社會的共同參與		

	和合作。然而，目前尚不清楚推動此計畫的人是否真正了解其核心概念及其有效實施所需的行動。		
24	2021	臺灣	數位時代
議題摘錄	2050年淨零排放目標逼近！中研院長提3大關鍵技術，如何達成「碳管理」？貝爾獎高峰會線上會議26日至28日舉行，中研院院長廖俊智會中發表簡短演講提及2050年要達淨零排放，有3大關鍵科學技術，包括碳捕獲及轉化、空氣中捕碳及避免二氧化碳形成。		
25	2022	臺灣	台積電
議題摘錄	台灣積體電路製造股份有限公司在9月16日「國際臭氧層保護日」承諾於2050年達到淨零排放目標，並為全球半導體產業先驅，發布氣候相關財務揭露（TCFD）報告書，以實際行動落實環境永續目標。		
26	2021	臺灣	台塑石化
議題摘錄	2050年朝碳中和目標邁進，台塑企業排碳量以2007年最高峰為基準年，短期（2025年）及中期（2030年）目標為較基準年（2007年）減碳20%、35%，長期則以2050年達到碳中和為目標。 台塑這一連串拚零碳大計畫，除了電價勢必高漲，另一個大風暴則是塑膠將稀缺，不再是物美價廉的原料，甚至，買塑膠原料要實名制、或以舊換新。如台塑2025年之前，會結束廉價一次性塑膠原料的生產，如紅白塑膠袋、垃圾袋等一次性的低價商品。		
27	2022	臺灣	歐萊德
議題摘錄	ESG、減碳已成主流 全球企業「淨零競賽」開跑歐萊德創立以來，致力於綠動全球的零碳永續美妝，推動的不僅是要將消費者的健康照顧好，更致力於永續的全綠生		

	活方案，為消費者、為地球好，更成功做到成為臺灣第一間實踐「碳中和」的企業。事實上，於 2018 年在 SGS 的認證下，歐萊德已達成 5 大類、9 項產品與企業組織同步碳中和的確證，更在 2021、2022 年連續 2 年，成為 SGS 驗證通過全球美妝第一個零碳企業，包括全產品從原料取得、製造生產、運輸銷售、消費者使用到廢棄回收，涵蓋了直接排放、間接排放及範疇三全面碳中和。		
28	2021	臺灣	桃園機場
議題摘錄	因應碳中和趨勢，桃機照明全面更新為 LED 年減排 241 萬公斤： 面對極端氣候帶來的影響，各國紛紛提出二氧化碳減排量，希望在 2050 年實現碳中和，臺灣的產業也必須面對低碳綠能的轉變，為了減少用電，打造節能環低碳營運的綠能機場，桃園機場利用疫情期間進行「第一、二航廈照明及設備改善工程」，將航廈內外約 2 萬餘盞燈更新 LED 燈，更新後機場照明預估每年可減少 387 萬多度耗電量，節省 1,163 萬元電費，另二氧化碳排放量可減少 241 萬 kg，相當於 20 萬棵綠樹的吸附量。機場公司積極打造綠色樞紐機場，秉持環境、社會和管理（ESG）精神及對企業社會責任的重視，持續在減碳、節能、水資源及廢棄物管理各層面與機場夥伴合作推動相關計畫，連續 3 年榮獲 ACI 綠色機場評比肯定。		
29	2022	臺灣	玉山銀行
議題摘錄	亞洲銀行業首家取得 SBT，玉山金響應 2050 淨零碳排。他強調，淨零碳排不是短期一兩年的浪潮，這是全球解決氣候問題的關鍵任務，也是人類有史以來最大的永續轉型工程。關於 RE100，陳茂欽特別解釋，玉山銀行較晚加入的原因是整體耗電量本來就很少，不符合規範，之後是靠著影響力證明，才在今年順利加入。為響應		

	2050 淨零碳排，玉山銀行針對範疇一、二、三碳排，都有不同的具體對策。在範疇一、二的部分，不只將自有大樓改建為綠建築、增加太陽能發電設備、使用再生能源等等，更看重金融業最大碳排來源，範疇三的部分。		
30	2022	臺灣	國泰金控
議題摘錄	零碳營運轉型：承諾 RE 100 於 2030 年前全面使用再生能源，營運減碳排入高階主管年度 KPI，全面朝零碳轉型邁進。		

5.國內關鍵議題——工程類

編號	年份	國家	發表單位
1	2022	臺灣	國家發展委員會／工研院
議題摘錄	標題：臺灣要達到 2050 淨零碳排目標，能源轉型怎麼做？2030 年前以太陽能與離岸風電主力，2030 年後火力發電仍有一席之地，有高達 20%～27% 比重，氫能占比也達 9～12% 不容忽視。 現階段臺灣 2050 淨零轉型只規劃到 2030 年，現在已經擬定 12 項淨零轉型關鍵戰略，包含風電光電、氫能、前瞻能源、電力系統與儲能、節能、碳捕捉利用及封存、運具電動化及無碳化、資源循環零廢棄、自然碳匯、淨零綠生活、綠色金融、公正轉型，估計 2030 年將投入近 9,000 億元預算，不過 12 項關鍵戰略細節未出，要到年底前才會陸續完成。		
2	2022	臺灣	新南向政策資訊平臺 中華民國外交部
議題摘錄	科技迎向淨零未來：臺灣氣候夥伴計畫。臺灣資訊與通訊科技（ICT）領域的八家領先企業——宏碁、華碩電		

	腦、友達光電、台達電子、光寶科技、微軟臺灣、和碩聯合、以及台積電——共同組成「臺灣氣候夥伴計畫」，分享其減碳經驗，並與供應鏈合作，推動全面轉型，實現淨零碳排放目標。		
3	2021	臺灣	行政院公共工程委員會
議題摘錄	工程會提出「推動公共工程使用再生粒料」、「推動減碳建設，確保能源提供」、「促進綠色經濟，鼓勵綠色採購」、「提升區域調適量能」及「推動公共工程重視生態」等 5 項永續發展施政主軸，並於項下分別訂定計共 8 項政策目標，以達成「推動公共工程全生命週期管理，融入減碳及生態保育，落實循環經濟，建構優質永續之公共建設」之永續發展施政願景。		
4	2022	臺灣	水利署
議題摘錄	為使水利工程落實淨零減碳目標，經濟部水利署今（25）日表示，將自工程預算編列開始即導入「碳預算管控」，以預算編列的工程項目計算工程碳排量據以設定減碳目標，並由工程的規劃、設計、施工、營運等生命週期各階段進行減碳，具體實踐國際「溫室氣體減排預算檢核」的精神。		
5	2022	臺灣	經濟部工業局
議題摘錄	為協助產業因應國際淨零排放及綠色供應鏈減碳潮流衍生的碳盤查需求，經濟部趕在農曆春節前，由曾次長文生於 1 月 26 日（星期三）召開「111 年度產業及能源效率工作圈第 1 次委員會議」，會中達成決議由經濟部攜手產業、以大帶小，協助國內產業建立碳管理能力，共同邁向 2050 淨零排放的目標。		

6	2022	臺灣	臺灣氣候聯盟
議題摘錄	標題：眺望 2050 淨零碳排 臺灣氣候聯盟攜手 ICT 供應鏈開創變革 由國內氣候領導科技企業（友達、台達電子、台積公司、台灣微軟、光寶科技、宏碁、和碩聯合科技、華碩電腦）所倡議成立臺灣氣候聯盟，國家 2050 淨零排放路徑，游局長則說明，政策將會以「能源轉型」、「產業轉型」、「生活轉型」、「社會轉型」等四大轉型及「科技研發」、「氣候法制」兩大治理基礎進行推動。產業淨零轉型方面，經濟部將會與各個產業公協會以及大型龍頭企業合作，共同規劃企業淨零排放路徑，並鼓勵「以大帶小」的方式，讓大企業帶著底下供應鏈，共同減碳。游局長指出淨零轉型確實有很多壓力，但也存在商機。若企業把轉型當成商機，會是很好的誘因並產生競爭力。經濟部一定會跟企業界共同來討論未來具體的路徑，會結合產業協會以大帶小，透過大量的溝通來逐步的推動。政府也依據企業的意見來調整方向，跟大家共同合作打拼淨零轉型的工作。		
7	2017	臺灣	經濟部能源局
議題摘錄	德國在東西德統一後，推動水泥廠之現代化，致水泥廠生產單位耗熱的下降，近年水泥的生產單位耗熱大約穩定維持在 2,700~3,000 MJ/t cement 之間。在電能的使用方面，過去幾十年產品單位耗電呈上升趨勢，主要原因是由於需求端對水泥產品質量（細度提高）的要求更嚴格，以及以環境保護為目的的各項措施所造成。德國水泥業在致力原料替代與燃料替代成效非常顯著，對節能減碳的貢獻非常大，特別是取代化石能源的使用，降低 CO2 的排放，並於 2012 年達成減碳之目標。進一步說明德國水泥業節能減碳之作法與成效，提供我國產業節能政策推動之決策參考。		

8	2020	臺灣	經濟部技術處
議題摘錄	隨著世界各國法規對於廢水的規範，未來將朝向液體零排放之目標。所謂零液體排放ZLD技術，就是將工業廢水進行預處理和蒸發，收集ZLD系統中餾出之冷凝水進行水資源循環應用，同時將未蒸發的固體送入垃圾填埋場或作為有價值的鹽類副產品進行再利用。在循環經濟的議題下，該類技術的發展已在全球水科技公司受到重視，成為未來發展重心。		
9	2022	臺灣	臺灣區電機電子工業同業公會
議題摘錄	電電公會長期關注及推動企業因應國內外環保相關議題，包含推動有關循環經濟與清潔生產、因應歐盟環保指令、碳足跡與溫室氣體、綠色行銷、節能輔導及環保永續等議題，在公會現有的組織架構上，設立更完備的委員會及聯盟編組，以利協助廠商推動節能減碳，希望善盡公會的地球公民責任。持續協助會員落實氣候變遷減緩與調適，擬定完善氣候變遷管理策略，以促進會員的氣候韌性。		
10	2022	臺灣	臺灣化學工程學會
議題摘錄	標題：化工技術 助光電半導體產業邁向淨零 臺灣半導體產業廠商可導入再生能源建立儲能系統，進行無塵室的節能，將尾氣、水與氫循環再利用；由於黃光等製程多使用高價有機溶劑、高分子樹脂，建議業者可以提高回收再利用，增加碳排減量效益，這些技術正是化工領域的專長。與會者也期待能建立協同機制，加速淨零碳排推動成效。		
11	2022	臺灣	台積電
議題摘錄	台積公司為了推動環保措施，進行了機臺改造綠色行動。首先，在不影響機臺效能的前提下，與設備供應商		

	攜手開發了「智能壓縮乾燥空氣（Compressed Dry Air, CDA）流量控制系統」，透過精準控制CDA流量輸出開關，減少測試機臺 70% CDA 用量，同時也達到省電效果。截至2022年3月，已導入先進封測廠針測機，每年減少碳排放量 4,473 公噸、省電 891 萬度。其次，台積公司預計2022年第4季完成先進封測廠既有針測機系統全數更新，並將智能CDA流量控制系統列為新建先進封測廠測試機臺標準設計，預估至2026年可年省4,000萬度電、減碳 20,080 公噸，相當於 52 座大安森林公園 1 年的二氧化碳吸附量。透過這些環保措施，台積公司不僅保護環境，也能節省成本，實現綠色經營的目標。		
12	2020	臺灣	台灣水泥
議題摘錄	台泥啟動積極減碳作為，2019年承諾國際最具公信力、最嚴格的科學基礎減碳目標（Science Based Targets, SBT），依據 IPCC 與國際能源署（International Energy Agency, IEA）的方法學，以升溫低於攝氏兩度的情境設定減碳目標與路徑。 2020年6月台泥提早其他企業一年半左右，即通過科學審查，成為東亞第一家完成目標設定的水泥企業，以 2016 年為基準年，於 2025 年目標年時將落實範疇一（直接排放）溫室氣體排放強度降低 11%、範疇二（間接排放）溫室氣體排放強度降低 32%。 為達成 2025 年科學基礎減碳目標與 2050 年碳中和，台泥加速發展 AI 智能技術，透過 AI 模組計算與追蹤生產製程單位產品碳排放強度，蒐集各廠附近減碳資源與效益評估，提出最適化策略，進而持續調整及優化減碳方案，以技術的進步與觀念的突破帶來改變的契機。 臺灣首間水泥業導入「產品碳生命週期評估」，並有七大減碳政策。		

<table>
<tr><td>13</td><td>2022</td><td>臺灣</td><td>台泥</td></tr>
<tr><td>議題摘錄</td><td colspan="3">低碳充電站：台泥表示，樂群站具備三項全臺第一：首先這是六都中首個結合太陽能光電、搭配儲能系統的 DC-DC 充電站，為全臺最低碳的電動車充電站；其次，樂群站也啟動全臺第一個可事先透過 LINE 預約充電的服務；三，這也是國內第一個適用政府電動車專屬費率的充電站。</td></tr>
<tr><td>14</td><td>資料中未標示</td><td>臺灣</td><td>中國鋼鐵</td></tr>
<tr><td>議題摘錄</td><td colspan="3">中鋼公司為迎合綠色時代潮流，在能源環境方面，已訂定持續節能環保及價值創新，成為值得信賴的綠色鋼鐵企業為其發展願景。在策略上，兼顧能源、環保及經濟層面，勾勒出2020年之前的能源環保行動方案，並透過「能源環境事務推動辦公室」及中鋼集團「能源環境促進委員會」進行運作。主要行動方案，可區分為 1.減碳、2.低汙染、3.綠色成長。</td></tr>
<tr><td>15</td><td>2022</td><td>臺灣</td><td>中國鋼鐵</td></tr>
<tr><td>議題摘錄</td><td colspan="3">節能減碳是經濟議題，預計 2030 年減碳 22%。
在淨零轉型的趨勢下，ESG 是維持企業競爭力的關鍵。為了因應全球氣候暖化，各國陸續提出碳中和或淨零排放的承諾，歐洲、美國及日本也先後宣布要在2050年或2060 年達到淨零排放，歐盟更將實施碳邊境調整機制，以加速減碳進程。中鋼將分以兩階段達成碳中和，首先在2030年達到低碳，作法包括部分鐵礦原料先以氫氣還原的還原鐵取代、高爐輔助燃料由粉煤改為含氫氣體、鋼化聯產（鋼廠與化工廠聯合生產），以及轉爐添加廢鋼等。第二階段是在2050年達到淨零碳，規劃捕捉封存低碳高爐排放的二氧化碳，轉變成零碳高爐，以及採用氫基直接還原鐵製程。</td></tr>
</table>

16	2022	臺灣	中國鋼鐵
議題摘錄	自主推動員工綠色生活計畫，並自行開發中鋼集團低碳生活紀錄器，供集團員工自主紀錄上班時段飲食、交通之碳排量，並舉辦「綠色生活績效卓越獎」，旨在激發集團公司綠色創意發想與作為。另外，實行綠色採購，初期以職工福利社綠色產品專櫃及辦公室用紙為主，之後擴大至燈泡／燈具、電腦設備及其耗材、租賃設備如公務車及影印設備、印刷品、營建用爐石水泥及綠建材等項目。		
17	2022	臺灣	Foxconn
議題摘錄	Foxconn 是一家臺灣電子製造商，也是全球最大的代工製造商之一，同時也是蘋果的重要供應商之一。他們宣布不僅支持政府在2050年實現淨零排放的目標，而且計劃在 2030 年前使用至少 50% 的綠色能源。為實現這一目標，他們強調了如何結合新的方法和趨勢來實現綠色節能。像富士康這樣的大型企業需要使用大量的能源，但他們全球的工廠可以將需要處理的數據傳輸到以太陽能為主的其他複合物中心進行製造，從而降低其對能源的需求和碳排放。		
18	2021	臺灣	Opengov Asia
議題摘錄	科技對於推進臺灣的可持續發展扮演著至關重要的角色。臺灣在循環科技及應用方面具有潛力，利用循環科技應用，可以提升產業競爭優勢，同時保護自然資源，實現在這塊島嶼上的可持續生活。此外，面對能源匱乏、全球暖化和自然災害等問題，臺灣致力於使用內部技術解決方案，並創造一個可持續、智慧和綠色的國家。只有透過科技的力量，才能讓臺灣走向更加美好、環保的未來。		

19	2022	臺灣	Semicon Taiwan
議題摘錄	為了追求更美好的未來，高通公司積極履行其環境、社會、治理責任，並與全球供應鏈攜手合作，實現永續營運。臺灣是我們全球價值鏈中不可或缺的合作夥伴和重要環節。2020 年，高通公司與矽品精密攜手啟動「高通臺灣永續合作計畫」，旨在與供應商合作減少溫室氣體排放並推動可再生能源的使用。		
20	2022	臺灣	中研院
議題摘錄	本篇文章透過對中研院廖院長的專訪，歸納並整理出廖院長多年來在合成生物學領域的耕耘。最早在2012年，廖院長及其團隊透過來自光合作用來的發想，將二氧化碳透過微生物以及電力使原本光源作用的產物葡萄糖改為產出異丁醇，後續將其開發為生質燃料，相較於過往由甘蔗等植物生產而成的生質燃料，既不會占用農作物資源也更可永續使用；2020 年則成功的將大腸桿菌改造為嗜甲醇桿菌，首先將溫室氣體轉化為甲醇，透過人工的嗜甲醇菌將甲醇轉化為異丁醇，作為燃料使用，此技術成功的突破過往天然嗜甲醇菌的不可控以及菌種少等限制，為一大突破。		
21	2022	臺灣	科技大觀園特約編輯
議題摘錄	離岸風電對於臺灣而言是個全然陌生的領域，臺灣不但欠缺相關經驗，風場開發所需的資金也十分龐大，對於想投入離岸風電的廠商而言風險非常高。歐洲英國、丹麥等國離岸風電的成功，是經過二、三十年的摸索與累積才有的成果，臺灣要追上這個趨勢，仍必須付出龐大的學習成本。 楊鏡堂過去協助政府部門發展離岸風電時，便遇上許多難題，「剛開始沒有經驗，花了很多學費，光是施工用		

	的工作船，一天就要八百萬租金。」由於當時臺灣沒有興建風機專用的大型施工船，必須得遠從北歐租用，才能建造海上平臺，或進行相關海事工程。		
22	2022	臺灣	財團法人中興工程顧問社／中國土木水利工程學會
議題摘錄	標題：綠色能源淨零轉型 基礎建設低碳永續在企業 ESG 永續新思維下，「Zero-Emission」為企業首要責任，故減少碳排放已成為基礎建設，尤其是工程企業經營之主流價值。綜觀中興工程集團工程技術服務範疇，在基礎建設工程全生命週期各階段，含括規劃、設計、施工階段的碳排放，營運階段的能源續用，運輸及廢棄物處理的循環再生，如能導入環境永續思維，將可協助公民營業主加速邁向淨零轉型。有感於此，中興工程顧問社已推動淨零、數位雙轉型，將作業流程優化與智慧化，啟動組織碳盤查，針對本身的營業活動與所承擔的工程作業，加強推動節能減碳措施，期為臺灣 2050 淨零排放目標貢獻心力。		
23	2022	臺灣	Intel
議題摘錄	為減緩地球暖化問題，現今各國政府正大力推動淨零排放政策，迫使各產業必須制定一套節能減碳策略，否則未來恐怕陷入被市場淘汰的命運。製造業是支撐臺灣經濟發展的重要動脈，卻也高度依賴水、電、人力等資源，特別是產值屢創新高的 ICT，每年用電量高達 556.68 億度電，儼然成為最耗能的產業。面對全球淨零排放浪潮，企業唯有透過物聯網技術結合感測、AI 等技術，才能達到提高能源使用率、減少碳排放量，接軌 ESG 的國際趨勢。英特爾向來勇於承擔社會責任，也將 ESG 列入企業永續發展的藍圖之中。早在 2020 年就已經公開承諾，在2040年之前達成溫室氣體淨零排放的目		

	標，為此英特爾在2030年設下中期里程碑，將於全球營運範圍內達成 100% 使用可再生電力。除此之外，我們在產品研發過程中也納入節能減碳的思維，考量到物聯網設備在全球市場的數量愈來愈多，我們提供具備綠能設計的解決方案，期盼與合作夥伴助企業落實 ESG。		
24	2021	臺灣	台達電
議題摘錄	台達電宣布加入全球再生能源倡議組織 RE100，全球所有據點將在2030年達成碳中和與100% 使用再生能源，台達電董事會並通過內部碳稅收取標準，今年內部碳價為每公噸 300 美元，依此計算、收取的碳費將運用於節能專案及再生能源的取得，並於今年開始實施，以此鼓勵各部門與廠區朝向零碳排放前進。		
25	2022	臺灣	中油
議題摘錄	中油是臺灣石化產業的領導者，是一家國有的石油、天然氣和汽油公司。他們在亞太可持續發展論壇及博覽會上，向參觀者分享了他們的可持續發展理念。他們的攤位展示了公司未來加油站的想像，提高汽油質量的策略，以及碳減排和節能的推廣。他們在臺灣的可持續行動獎中獲得了金牌、銀牌和銅牌，為該國其他企業樹立了良好的榜樣。		
26	2022	臺灣	中油及歐洲在臺商會
議題摘錄	「2050 淨零：最佳實踐報告書」由歐洲商會與臺灣中油公司共同發表，報告指出臺灣中油已經達到了超過 30% 的減碳成效，同時已經設定了 2030 年排碳量較 2005 年減量 49.5% 的中期目標，並以 2050 年達成淨零排放為願景。報告書中呼籲政府及企業投資關鍵技術，例如氫能、碳捕獲、再利用與封存（Carbon Capture, Utilization and Storage, CCUS）、氫燃料汽車、浮式風機等，以支		

	持國家和企業推動的淨零排放路徑。此外，提高能源效率也是發電脫碳和減少二氧化碳排放的重要關鍵。		
27	2022	臺灣	鴻海旗下工業富聯
議題摘錄	首發碳中和白皮書，承諾2030年碳排放需較基準年下降80%、2035年實現營運範圍100%碳中和、2050年實現價值鏈淨零排放。「永續經營、綠色發展」是工業富聯的核心理念之一，此次發佈的白皮書，在工業富聯碳達峰及碳中和的雙碳道路上是一個重要里程碑。Reduce減少運營排放、Replace能源結構轉型、Resolve碳抵消與碳捕捉」之3R具體行動計畫，依照節能減排，以及可再生能源供給優先、碳抵消為輔的策略，逐步實現自身營運及全價值鏈碳中和。		
28	2022	臺灣	工研院、台塑
議題摘錄	經濟部與台塑公司合作建置全臺第1套「二氧化碳捕捉及再利用」前導示範場域，自去年底試運轉至今已有初步成果，每年可捕獲製程排放的36噸二氧化碳，並將其轉化為12噸甲烷等化學品，未來將逐級放大規模；期能建立我國自有技術，翻轉產業過去仰賴國外技術進口的困境，解決碳捕獲成本過高的缺點。		
29	2022	臺灣	中研院
議題摘錄	吳東亮致詞表示，面對氣候變遷挑戰，全球已凝聚共識，盼在2050年達到淨零排放，而臺灣是出口導向的經濟體，也是國際供應鏈重要一環，為接軌國際淨零趨勢，企業必須努力轉型，政府、科研單位也必須積極投入資源來開發新能源、固碳技術，打造低碳能源系統。		

30	2022	臺灣	經濟部技術處
議題摘錄	二氧化碳捕獲與再利用技術是實現淨零排放的重要途徑之一。為此，經濟部技術處投入大量經費進行淨零碳排技術研發，並與台灣塑膠工業股份有限公司、成功大學、南臺科大及工研院共同建置全臺第一套「二氧化碳捕捉及再利用」前導示範場域。未來四年，經濟部技術處計劃投入約 100 億科研經費，以研發新的減碳製程技術、投入氫能源技術應用開發，以及完備運具電動化及開發戰略材料為三大策略方向進行布局。在碳捕捉商機龐大的現代社會，如何降低碳捕獲成本成為關鍵發展課題，值得我們持續關注。		

6.國內關鍵議題——有關顯示科技

編號	年份	國家	發表單位
1	2020	臺灣	行政院
議題摘錄	臺灣顯示科技與應用行動計畫（109 至 113 年），讓面板不再只是一塊面板，是無所不在的人機介面互動體驗。顯示科技是我國僅次於半導體的優勢產業，為讓我國顯示科技與應用成為下一波產業成長的動能，該計畫將聚焦智慧零售、智慧交通、智慧醫療及智慧育樂，透過新興顯示科技與應用，建構 2030 智慧生活，帶動我國邁向未來經濟發展的新階段。		
2	2022	臺灣	工研院
議題摘錄	經濟部打造智慧顯示科技新生活，工研院攜手產業跨域合作：LCD 偏光板零廢棄全循環回收技術，淨零永續無二次汙染。 LCD 面板全循環技術：		

	1. 國內每年報廢約 8000 公噸 LCD 面板，主要以掩埋方式處理。工研院創新研發「LCD 面板全循環技術」，可將液晶面板中的液晶、銦和玻璃依序分離、純化並再利用，其中液晶和銦可回用於面板製程；玻璃則以專利奈米化技術改質為玻璃奈米孔洞材料，應用於金屬製程水之吸附處理。 2. 減碳效益透過製程端和終端產品的液晶循環，每年可以減少數億元的材料成本。同時，這樣的循環還可以減少原物料製造，每噸液晶減少萬噸碳排放。另外，使用玻璃奈米孔洞材料吸附重金屬廢水，可以實現金屬脫附和電解回收，相較於傳統化學混凝法，可大幅減少 60% 碳排放，同時每年還可以減少逾千萬元的水處理費用。此外，將再利用應用於面板，可以每年減少億元的面板掩埋費。這些環保措施不僅有助於節省成本，還能有效降低碳排放量和水汙染，並有助於可持續發展。		
3	2018	臺灣	工研院材化所——材料世界網
議題摘錄	廢液晶面板再利用處理技術與應用，工研院深入剖析液晶面板的結構與各材料特性，開發一全新零廢棄的噸級「廢液晶面板再利用處理系統」，設計分離、萃取、純化、萃洗、濃縮和改質等 6 道程序，以低汙染、低操作成本及高效能的模式依序將液晶、銦和玻璃自廢液晶面板中取出、純化後進行再利用。該系統每日可處理 3 噸液晶面板，並產出 3 公斤液晶、750 公克銦和約 2,550 公斤綠建材或奈米孔洞玻璃吸附材料。		
4	2021	臺灣	臺灣顯示器產業聯合總會
議題摘錄	標題：顯示產業減碳與價值創新併進 多元應用邁向新紀元。 TDUA 與經濟部工業局共同催生「智慧顯示跨域合作聯		

	盟」，發展與整合智慧顯示應用系統與系統解決方案，並積極導入國內外應用場域試煉，以樹立國際典範並拓展產業出口，加速產業轉型與價值提升，完善我國智慧顯示應用系統生態系，強化我國智慧顯示產業供應鏈永續發展。淨零、碳中和、氣候中和，不僅是企業、政府營運必須注意的風險，更是永續發展的契機。淨零碳排、綠色技術這些關鍵字，已成為近年來各國政府、各大國際企業與環境組織最關心的議題。TDUA 將會結合各協會一起努力，共同宣示 2050 淨零碳排目標，帶領關聯產業鏈一起來落實，創造出低碳產業供應鏈為重要目標。Touch Taiwan 2022 將新增「淨零碳排」主題專區，針對節能減碳、淨零碳排解決方案、節水與水資源再利用、永續建築及建廠、節電技術、循環技術與材料、廢棄物循環利用及綠色消費與交易等主題。		
5	2023	臺灣	臺灣顯示器產業聯合總會
議題摘錄	呼應政府 2050 淨零碳排目標，臺灣顯示器產業聯合總會主辦的 2023 年 Touch Taiwan 智慧顯示展將推出「淨零碳排」主題專區，展示綠色製造、低碳產品等相關解方。展覽期間同時舉辦「e-Touch 綠色裝潢設計獎」，鼓勵參展商落實淨零碳排理念，攜手打造綠色展會。		
6	推測為 2017 之後	臺灣	友達光電
議題摘錄	新建廠房導入美國綠建築（LEED）認證系統，串起了整個綠色廠房（Green Fab）的生態循環網及其標準，涵蓋節能系統、節水設計、熱能回收。		
7	2021	臺灣	友達光電
議題摘錄	成為全球第一家通過「ISO 14064:2018」新版溫室氣體查證的面板製造商。		

8	2020	臺灣	友達光電
議題摘錄	以生命週期為概念，提出 Carbon 2020 之五年減碳 100 萬公噸計畫，落實於物料設計選用、供應商在地採購及 4R 策略、節電生產、綠色運輸及低能耗面板等構面，累積減碳貢獻度達成 194 萬公噸。		
9	2022	臺灣	友達光電
議題摘錄	和供應商合作在背板、導光板、面板外框等材料使用再生材料。		
10	2022	臺灣	友達光電
議題摘錄	標題：面板雙虎永續環境，植入淨零 DNA。 友達指出，響應聯合國永續發展「循環生產」目標，友達以國際關注的塑膠汙染議題，檢視面板生產過程中廢棄塑膠來源，透過多方供應商夥伴協力，導入可循環使用的偏光片通箱、推動化學品空桶回用機制，成功減少廢棄包材產生，製造循環度表現較去年更精進，在資源回收、再利用、創新減廢等措施，達到 93% 的亮眼循環度表現。 群創「能資源高效循環工廠」致力落實循環經濟理念，以原物料、水、能源及物流四大能資源，打造能資源高效循環綠色工廠。透過 5R 循環方法，減量、再使用、回收再利用、重新定義及重新設計，輔以「物質流成本會計」分析法及「i-FM 資訊管理系統」，監控收集用電、用水及廢氣、廢水排放等數據，群創將四大能資源進行再生及循環，並攜手供應鏈組成策略聯盟，強化組織與供應鏈韌性，打造出循環經濟價值。		
11	2022	臺灣	友達光電
議題摘錄	標題：友達加入 RE100 倡議，2050 年全面淨零。 組織改造／智慧製造齊步走，為了走向淨零，友達將企		

	業永續發展運作的最高治理機構「永續委員會」升級為「ESG 暨氣候委員會」，以董事會及委員會為決策核心，於原訂永續目標下強化氣候當責治理。自建太陽能電廠與綠電轉供，擴大使用再生能源，關鍵供應商需於 2030 年前達成減碳 20%目標。		
12	2022	臺灣	友達光電
議題摘錄	節能面板，涵蓋碳盤查、節電、水資源處理到綠色材料，友達全方位節能，從顯示器本身的節能，到水資源、減碳排、新型太陽能板等應用領域，規劃整體的解決方案。比如，友達數位自行開發的 Smart Grid 雲端平臺搭配 Spiider 資料擷取機上盒及感測器，透過即時監控機臺耗電狀況及細部分析，據友達估算，每年可節省超過 2,000 萬的電費，並減少 4,745 公噸的碳排量。		
13	2022	臺灣	DIGITIMES
議題摘錄	友達光電是一家致力於智慧減碳的面板大廠。他們不僅成為全球再生能源倡議組織 RE100 的會員，也是全球顯示器製造業中首家承諾於 2050 年全面使用再生能源的企業。友達更號召價值鏈投入深度減碳，希望在 2030 年前與關鍵供應商攜手達成減碳 20% 目標。此外，友達在全球公信力審查通過的科學減碳目標基礎下，逐年降低碳排總量，承諾於 2025 年達成絕對減碳 25%，並於 2030 年實現所有辦公據點零碳排。友達透過自身智慧製造的核心能力，結合物聯網與大數據分析等技術，將精進的碳排減量技術落實至生產設備與廠務各節點，深耕多年智慧製造累積豐碩的永續成果，被評選為「全球燈塔工廠」。此外，友達在用電控制上採用能源效率提升與擴大使用再生能源兩大策略，逐步降低耗電產生的碳排，並逐步提高再生能源的比例，目標是於 2030 年達到 30%、2050 年 100% 使用再生能源。友達的智慧		

	減碳與供應鏈聯手，共同對抗氣候變遷，展現了企業的社會責任與永續發展的決心。		
14	2022	臺灣	群創光電
議題摘錄	群創自 2010 年啟動溫室氣體盤查與查證作業迄今，已有七家生產據點子公司完成查證作業。今年將啟動合併財務報表子公司執行盤查與查證作業，包含溫室氣體排放源鑑別、紀錄活動數據、定量盤查與第三方查證，預計一年內完成相關作業。藉此，群創、子公司將可逐年降低溫室氣體排放量，除有助於提升產品國際競爭力，亦可降低國際邊境徵收碳費衝擊並降低營運風險。 此外，群創今年也加入臺灣淨零行動聯盟（Taiwan Alliance for Net Zero Emission, TANZE），盼與臺灣各產業界力量，透過「淨零排放聯盟」倡議，共同推進溫室氣體淨零排放目標，以善盡企業社會責任。〈承諾一〉2025 年達成「生產類據點辦公室用電」100% 使用再生能源，2030 年達成「辦公室用電」100% 使用再生能源及淨零排放目標。		
15	2017	臺灣	群創光電
議題摘錄	在循環經濟方面，為解決不良品液晶面板，並研發更友善環境及提升再利用價值的處理技術，群創 2017 年與工研院合作液晶面板萃取再利用技術，並於廠區內成立全球首座自動化面板液晶循環利用中心，使 LCD 面板玻璃完整與液晶分離，將萃取之液晶去除雜質再回用於製程。		
16	2022	臺灣	群創光電
議題摘錄	群創光電節能減排政策： 1. 2020 起公司採納氣候相關財務揭露（Task Force on Climate-related Financial Disclosures，簡稱 TCFD）架		

	構，其為鑑別氣候變遷相關風險及機會，落實溫室氣體的減緩與調適，降低氣候變遷對財務績效的影響。 2. 群創光電於 2021 年成立「碳風險管理委員會」，為因應淨零碳排而成立之推動組織，負責擬訂及執行公司減碳目標。 3. 因應 CO2 排放從無價標的轉變為影響公司營運與發展的有價成本，群創從 2021 年推動內部碳定價制度（ICP）。碳定價將應用於兩方面，一是作為低碳投資評估工具以準確選擇減碳行動措施、二是作為特定投資案的碳風險管理檢視工具，將依據投資案所衍生的溫室氣體排放量估算其營運碳成本，以掌握整體投資必要性與效益。		
17	2022	臺灣	群創光電
議題摘錄	提三大減碳承諾，力拚達 2050 年淨零排放： 1. 正式加入臺灣淨零行動聯盟（TANZE），2030 年達成辦公室用電 100% 使用再生能源、淨零排放目標。 2. 成立碳風險管理委員會，2025 年再生能源裝置每年發電 6,000 萬度電力自用，2022 年至 2026 年平均年節電率也將挑戰 1.6%。 3. 申請加入科學基礎減量目標倡議（SBTi），2026 年範疇一、範疇二溫室氣體排放量將較 2020 年減少 15% 為目標，以落實從低碳邁向零碳的轉型目標。		
18	2022	臺灣	群創光電
議題摘錄	落實「群創永續進行式」（Sustainability on the Go：3Gos- Go Green, Go Responsible, Go Sharing）3Gos 為永續發展策略，將氣候風險管理文化植入企業風險管理中，生產營運中關注碳排放議題，因應全球 2050 淨零碳排願景目標，成立碳風險管理委員會，擬定減碳策略、目標及行動計畫，包含導入 ISO 50001 能源管理、		

	廢棄物減量、循環經濟、低碳物流運輸、再生能源發展及建置內部碳定價等。		
19	2022	臺灣	群創光電
議題摘錄	標題：淨零減碳刻不容緩，群創展開攻略行動。 在綠色生產面向，接軌國際標準導入 ISO50001 管理系統於前段製程廠與後段模組廠，透過能耗分析及節能行動，此外，群創也建構 iFM（intelligent facility management）大數據平臺，監控與收集電力、用水、化學品使用、廢氣及廢水排放等各項動態數據，以運籌帷幄廠內能資源減碳分析。同時，首創電子業導入沼氣發電，利用廢水處理系統反應後產生沼氣，經由沼氣發電機進行發電，此外，含氟化物（FCs）溫室氣體排放於 2020 年 FCs 削減率已達 2016 年的 39.5%，2025 年更將削減率目標提升至 2016 年的 49%，以落實永續環境的行動。 群創也推動內部碳定價（ICP），將國內外關注、國內碳價衝擊、中長期碳目標設定、電子業發展趨勢等四大相關議題的風險挑戰轉化為機會，以實現環境保育恆久決心的目標。		
20	資料中未標示	臺灣	經濟日報
議題摘錄	群創以 Share Value「永續核心・社會共榮」為經營核心之一，發展 ESG 永續智慧城市顯示新應用：彩色電子紙（降低資源消耗、智慧無紙化應用）、智慧液晶窗戶（達到高通透與節能降耗）、數位列車（輕薄、省電、視覺美觀的數位廣告看板）、智慧車用（高清晰、高對比和異型切割貼合）、LCD 超低反射率技術、油墨噴印技術及雷射雕刻技術 miniLED 背光顯示技術向智慧化與人性化發展。		

21	2022	臺灣	元太科技
議題摘錄	元太科技結合低碳與節能的核心產品（Product）「電子紙顯示器」，開創獨一無二的企業永續架構「P、E、S、G」。因應 E Ink 元太科技電子紙產業的快速成長及產能增長，選定合適環境指標管控能資源耗用，並訂定目標進行各項節能省水減廢等措施，成為環境績效管理，落實綠色製造、低碳節能的營運。甫獲 2022 亞洲企業社會責任獎（AREA）三項大獎——綠色領導、社會公益發展、企業永續報告等獎項肯定，E Ink 元太科技宣告將在 2040 年達淨零碳排目標，並計畫將 2030 年達成 100% 的再生能源使用，成為 RE100 的顯示器公司。 電子標籤：為連鎖零售、量販、美式賣場、藥妝、無人商店、3C 商店、會議辦公、飯店櫃檯、多人會議等，減少經常性成本支出，即時提供最新價格、促銷資訊，不僅提升效率也節能環保，提高工作效率、節省人力成本。便於統計銷售數據，也能方便盤點倉庫進銷存，只需在遠端電腦上操作，就能輕鬆更新全場的標籤。		
22	2022	臺灣	元太科技
議題摘錄	全球氣候變遷衝擊及 2050 淨零碳排，成為全球產業與生活轉型的重要政策，E Ink 元太科技宣布，元太的 6.8 吋電子書閱讀器模組與 2.9 吋電子貨架標籤模組通過 ISO 14067：2018 產品碳足跡國際標準證書，亦為全球首度通過碳足跡標準查證的電子紙模組。		
23	2022	臺灣	天下雜誌
議題摘錄	讓獲利與永續齊步！E Ink 元太科技以 PESG 淨零減碳，創造社會正能量，如紙張般的電子紙顯示器，符合聯合國 SDGs 的六大項目：醫療照護應用（SDG3）、教育解		

	決方案（SDG4）、超低耗電節能減碳（SDG7）、降低能源設施使用開發提升能效（SDG9）、智慧城市永續發展（SDG11），以及減緩氣候變遷衝擊（SDG13），以綠色產品創造綠色營收，真正讓獲利與永續齊步並進，為 E Ink 元太科技奠定 ESG 的策略利基。		
24	2020	臺灣	錼創科技
議題摘錄	MicroLED：根據 Digi-Capital 研究分析預測，2024 年 AR 市場將有近 600 億美元的產值，可廣泛應用於醫療、娛樂、車用上。MicroLED 因具備高亮度、高解析度、低功耗、微型化等優點，被國際大廠公認為是最符合 AR、MR 需求的顯示技術。		
25	2022	臺灣	光寶科技
議題摘錄	減碳、環保、永續目前已是全球共通語言，光寶目前依據經濟部提出的架構，採用「先低碳，再零碳」，並視 2022 年為供應鏈減碳元年。光寶供應鏈管理處長陳文銜表示，針對綠色產品、應用創新、責任生產等方面，光寶目前有與永續供應鏈綠色轉型專案、永續供應鏈體系節能輔導專案、海廢專案。 光寶詳盡地規劃出四大階段。分別是專案規劃、教育訓練、碳排資料庫建立，以及供應鏈碳排放管理等。目的就是希望光寶的供應商不只可以響應綠色供應鏈願景，並從中學習與成長，在輔導與盤查的過程中也可以協助打造永續企業品牌形象。		
26	2022	臺灣	Merck Taiwan
議題摘錄	默克以前瞻材料加速顯示器永續發展，聯手在地技術推動智慧場域應用。 默克提供完整的顯示材料解決方案，透過高性能液晶材料技術，可提供高亮度、高對比、更快的切換速度、廣		

	操作溫寬以及低閃爍等特性，符合各種顯示器產品的需求。		
27	2022	臺灣	希映顯示科技
議題摘錄	希映顯示科技主要產品為動態防窺膜、節能智慧窗與節能顯示窗。公司透過多穩態液晶配方開發之節能光電顯示膜等核心技術，開發出具多穩態能力之軟性顯示裝置，以一顆鈕釦電池即可操作 60 天，具高度省電優勢。產品可應用於 3C 產品防窺功能提升、取代傳統耗電之建材智慧窗，以及開發創新商用櫥窗顯示應用。		
28	2022	臺灣	矽品
議題摘錄	半導體封測廠矽品精密將減緩及調適氣候變遷視為經營管理之重要議題，透過數據量化檢視廠區，分析出關鍵排放源為電力耗用，因而針對節能進行有組織且持續性的對策改善，2021 年總節電量達 3008.4 萬度，減少 1 萬 5972 公噸碳排放量，相當於 41 座大安森林公園的碳吸收量。響應全球淨零減碳，矽品精密「偏鄉小學 LED 汰換計畫」今年來到東勢偏鄉具百年歷史的石城國小，這是一所由全校師生共同創造出一個有愛無礙的共融學習環境，用心守護慢飛天使的小學，在暑期課程與瘋特教活動開始前夕，矽品精密協助汰換校區老舊燈管，讓全校孩子們皆能在明亮安心的環境中學習，並藉由綠能環境教育的科普，將節能與綠能的精神深植在未來主人翁心中，同時達節能減碳、改善教學環境與減少電費支出之多元目的。		
29	2022	臺灣	EE Times 臺灣
議題摘錄	電子貨價標籤目前為電子紙主要的動能來源，目前為進一步的推動減碳，開發商與機器學習相關技術做結合，力求將部分的運算或是結合其他功能（如溫控）等可進		

	一步的降低能源的消耗。除此之外整個產業從 IC 端到成品都在力求製程以及終端產品的減碳化，不斷地推陳出新。		
30	2022	臺灣	工研院
議題摘錄	2022 Touch Taiwan—工研院材化所展示亮點技術，包括：LCD 液晶全循環應用技術及 LCD 偏光板全循環回收技術等事項。		

二、課程蒐集

本書蒐集到國內外知名大學所開設之淨零減碳相關課程共 131 門，其中包含：

- 國內基礎課程共 38 筆
- 國內工程課程共 33 筆
- 國內顯示科技課程共 3 筆
- 國外基礎課程共 38 筆
- 國外工程課程共 19 筆

本項工作蒐集顯示科技領之淨零減碳相關課程，經整理過後課程資訊整理如下表。

1.國外基礎課程

編號	年份	開課大學及系所
1	資料中未標示	麻省理工學院 Environment&Sustainability（E&S）
課程名稱及介紹	**城市移動零碳排放化** 此課程專注於測量和減少客運運輸排放。在檢視旅行、能源和氣候條件後，學生將審查現有的交通減碳方法。透過評估新的移動科技是否有助於實現零排放移動系統（或延遲實現），探討了新的移動科技。學生將考慮實現變革所需的政策工具。此課程以 Kata Identity 為基礎的方法來解讀過去和未來的排放減少，分解過去（和潛在未來）排放成分。旨在讓學生成為交通減碳方法的明智評估者，並為他們提供發展和評估相關政策措施的工具，以應對當地專業挑戰。	
2	Fall 2022	麻省理工學院 Special Programs
課程名稱及介紹	**低碳能源的研究和應用** 世界所面臨的主要挑戰之一是在減少碳排放以對抗氣候變化的同時，為日益增長的世界人口提供更多的能源。氣候科學顯示，我們迫切需要在短時間內完成這一目標，因為大多數溫室氣體的停留時間很長。本課程提供了在麻省理工學院進行此領域相關研究的機會。學生將回顧有關低碳技術和氣候變化的短論文，聆聽與 MITEI 低碳能源中心相關的教師、研究人員和行業代表的演講，並製作一個數位故事，探索挑戰、研究和當前技術應用之間的聯繫。本課程為學生提供未來學術	

	工作的背景和展示麻省理工學院許多專業如何應用於能源的方式。此課程可以算作是首年學生的 6 學分發現型學分上限之一。	
3	2021-2022 academic year	哈佛大學 Harvard Kennedy School（HKS）
課程名稱及介紹	**管理氣候變遷風險：訊息、激勵和制度** 決策者正在採取一系列策略來應對氣候變化帶來的風險。本課程探討了信息、激勵和制度如何影響決策者在適應和恢復力、減排、如何從大氣中去除二氧化碳以及太陽地理工程的行動。學生將接觸到來自決策科學、經濟學、綜合評估、政治科學和統計學的模型，以評估風險管理策略。	
4	2021-2022 academic year	哈佛大學 Harvard Kennedy School（HKS）
課程名稱及介紹	**能源與氣候挑戰** 本課程將探討從依賴化石燃料轉向依賴低碳能源的經濟體系所面臨的挑戰和機遇。我們將聚焦於美國、中國和印度的電力系統、建築和運輸領域。學生將被要求制定計劃，在 2021 年至 2030 年間加速部署低碳能源選項以達成巴黎目標。	
5	資料中未標示	哈佛大學 Harvard Kennedy School（HKS）
課程名稱及介紹	**氣候破壞：氣候變遷政策、政治和技術的新興主題** 此互動研討會旨在建立肯尼迪政治學院學生間對氣候政策、政治和技術新興議題的共同體。課程結合了兩個相關的研討會。在從業者研討會中，學者、企業、政府或民間社會的邀請專家以互動	

	形式與學生進行交流。在學生研討會中，小組學生會引導有結構的主題討論或者呈現自己的研究。學生需要參與選擇演講者和準備和主持從業者研討會中的討論。學生將在小組內呈現自己的作品或準備閱讀材料，在學生研討會中進行討論。議題範圍可能包括任何與氣候政策有關的議題，並且將由學生決定。可能涵蓋的主題包括聯合國氣候變化框架公約談判、青年氣候罷工、美國氣候政治、主要環保組織或能源公司的策略、公眾認知、低碳能源供應或交通運輸中的創新、氣候金融、太陽能、核能、碳捕獲、碳移除和太陽遮蔽等主題。	
6	2021-2022 academic year	哈佛大學 Faculty of Arts and Sciences（Harvard University Center for the Environment）
課程名稱及介紹	**美國能源政策和氣候變化** 燃燒化石燃料驅動了 150 年前所未有的經濟增長，但同時也留下高濃度的二氧化碳和其他溫室氣體的遺產。這些氣體正在改變我們的氣候，從而危及人類健康、福祉和地球生態系統。為了避免最壞的後果，需要使能源部門脫碳，但這項任務非常龐大，需要有效和高效的氣候政策。最近，美國的能源和氣候政策受到了激烈的波動，歐巴馬時代旨在從化石燃料轉向可再生能源的監管和補貼政策已被特朗普政府的促進和補貼化石燃料使用和生產的政策所取代。本研討課從經濟、法律和技術角度探討美國的氣候政策。研討課首先回顧美國的能源部門、氣候科學和氣候經濟學。然後轉向當前的政策問題，包括碳定價、調節化石	

	燃料發電廠二氧化碳排放、保持在地下運動、促進新低碳技術的政策和綠色新政。研討課還檢視地方（州和地方）和國際氣候政策。	
7	2021-2022 academic year	哈佛大學 Faculty of Arts and Sciences（Harvard University Center for the Environment）
課程名稱及介紹	**氣候變化社會學** 本課程開始時會考慮碳排放的生產和分配的社會基礎。誰是負責的人、公司和國家？誰受到影響？然後，我們會研究旨在管理碳排放的機構。這些機構存在於不同的層面，包括全球機構、國家和城市。我們調查誰正在試圖改變這些機構，尤其關注不同類型的社會運動、政府和私人公司。我們考慮這些行動者在富國和窮國之間的相似和不同之處。由於人類時代伴隨著人類大規模遷移到城市，因此我們關注城市社會學和政治在塑造碳排放方面的角色。最後，我們討論最近提出的解決方案，這些方案依賴我們在課程中研究的分析和證據。	
8	2021-2022 academic year	哈佛大學 Faculty of Arts and Sciences（Harvard University Center for the Environment）
課程名稱及介紹	**自然氣候解決方案：現實還是幻想？** 「自然氣候解決方案」是一系列保育、恢復和改進土地管理措施，有人聲稱這些措施可以提供超過 30% 的「近期」減碳量，以使全球氣溫上升不超過 2°C。有些人批評這些聲稱誇大了生物碳匯的潛力，並認為支持自然氣候解決方案的人士的動	

	機是保育生物多樣性而非減緩氣候變化。然而，在政策領域中，有關自然氣候解決方案的呼聲仍在增加，新國會中有多個兩黨立法行動專注於策略，例如農民通過土壤碳封存進行碳捕捉。在本課程中，我們將探索自然氣候解決方案的各個方面，包括減少森林砍伐、森林再生、造林、濕地恢復、生物炭、不翻耕農業和其他增加土壤碳含量的農業實踐。我們將檢查每種提出的行動的可行性，以及潛在限制。我們還將探索政策方面，以鼓勵這些努力，如果需要，可以通過直接補貼、監管或整合到碳定價體系，包括碳抵消。到學期末，我們希望所有參與者都能更清楚地了解自然氣候解決方案在國家和國際氣候減緩策略中的潛在作用。	
9	資料中未標示	哈佛大學 Harvard Extension School
課程名稱及介紹	**The Carbon Economy: Calculating, Managing, and Reducing Greenhouse Gas Emissions** The global economy is undergoing a fundamental transformation to low-carbon technologies from electric vehicles becoming mainstream and large-scale solar, wind, and even battery installations. Many countries and companies understand that this fourth industrial revolution will change everything, and face risks as well as opportunities. Some countries are establishing policies that decarbonize their economy to avoid the worst effects of a 2 degrees Celsius rise in temperatures. Organizations should start to develop and implement a 2 degrees Celsius strategy by clearly understanding their	

	exposure to climate-related risks and identifying best practices for adapting to new carbon regulation, along with transforming their businesses by deploying sustainable energy practices. Understanding greenhouse gas （GHG）emissions, including how to calculate them and the importance of reporting them publicly, is vital to understanding how to identify sources of emission and how to reduce them. This course teaches students how to measure, report, and reduce GHG emissions with an eye toward understanding the roles that energy choices and usage play in reducing emissions.	
10	資料中未標示	哈佛大學 Harvard Extension School
課程名稱及介紹	**碳經濟：計算、管理和減少溫室氣體排放** 全球經濟正在從電動汽車逐漸普及、大規模太陽能、風能甚至是電池的安裝等低碳技術轉型。許多國家和公司意識到這個第四次產業革命將改變一切，面臨風險和機會。一些國家正在制定政策，使其經濟脫碳，以避免溫度上升 2℃ 的最壞影響。組織應該開始制定和實施一個 2℃ 的策略，明確了解其與氣候相關風險的接觸點，並識別新碳排放法規的最佳實踐，以及通過部署可持續的能源實踐來改變他們的業務。了解溫室氣體（GHG）排放，包括如何計算和公開報告它們的重要性，對於了解如何識別排放源以及如何減少排放至關重要。本課程教授學生如何測量、報告和減少溫室氣體排放，以深入了解能源選擇和使用在減少排放中所扮演的角色。	

11	2022 Fall	哈佛大學 Harvard Extension School
課程名稱及介紹	**Creating, Implementing, and Improving Corporate Environmental, Social, and Governance Reporting** Transparency and accountability are the cornerstones of a corporate sustainability environmental, social, and governance（ESG） program. But how do you implement a reporting program that meets the ever increasing demands of investors and other stakeholders while creating the most value for the business? From global reporting initiative（GRI to carbon disclosure project（CDP）, task force on climate-related financial disclosures（TCFD）, sustainability accounting standards board（SASB）and more, this course unravels the alphabet soup of corporate reporting frameworks and guidelines. Offering practical steps and process to help company executives, functional managers, and corporate responsibility leaders' design, implement, or accelerate an ESG reporting program. The course work is grounded with case studies and leverages the real world experience of guest speakers and the instructors.	
12	資料中未標示	哈佛大學 Harvard Business School
課程名稱及介紹	**創建、實施和改進企業環境、社會和治理報告** 透明度和責任是企業可持續性環境、社會和治理（ESG）計畫的基石。但如何實施一個報告計畫，滿足投資者和其他利益相關者不斷增加的要求，同時為企業創造最大價值？從全球報告倡議	

	（GRI）、碳披露項目（CDP）、氣候相關財務披露工作組（TCFD）、可持續性會計標準委員會（SASB）等各種企業報告框架和指南，本課程將揭開這些字母縮寫的神秘面紗。提供實用的步驟和流程，協助企業高管、職能經理和企業社會責任領導者設計、實施或加速一個 ESG 報告計畫。課程作業以案例為基礎，並利用嘉賓演講者和教師的實際經驗。	
13	資料中未標示	哈佛大學 Harvard Business School（online）
課程名稱及介紹	**氣候變遷時代的風險、機遇和投資（ROICC）** 廣泛的科學共識指出，為了避免氣候變遷帶來最災難性的後果，我們需要將全球氣溫上升限制在不到 2℃（2DS）。為實現這一目標，有多種未來碳排放路徑，其中大多數指出需要在本世紀中葉前在多個地理區域實現零淨排放。這種轉型到零淨排放為組織和投資者帶來了一系列風險和機遇。如果無法實現此目標，或對氣候變化採取不作為的話，將導致自然災害和自然環境變化帶來越來越多的實質風險。本課程全面探討這些與氣候變遷相關的風險和機遇，針對不同的情景進行研究，強調通過氣候變遷的角度進行測量、評價和設計數據分析、投資過程、產品和合約等。	
14	2022/11/02 ～ 2022/12/14	哈佛大學 Harvard Business School（online）
課程名稱及介紹	**可持續投資** 本課程將探討日益演變的可持續投資領域，了解如何在投資決策中納入 ESG 因素，深入了解氣候	

	風險及如何將其納入財務模型中，並發展自己的觀點，了解投資和影響之間的互動。	
15	2021-2022 academic year	哈佛大學 Graduate School of Design
課程名稱及介紹	**氣候設計** 透過一系列案例研究，本課程將探討氣候危機的範例式設計回應，包括適應（包括社區的留下和撤離）和減緩（透過增加碳吸收和減少排放）。這些代表性案例將是了解和表述景觀建築及相關學科在為日益脆弱的地球設計方面的演變角色的手段。因此，本課程不僅探討景觀建築如何應對氣候危機，還探討這些行動對設計本身性質的意義。這些案例將位於不同的地理環境中，並且將根據氣候科學的進步以及社會、環境、經濟和政治背景的變化來進行理解。 本課程將有 GSD 教員和跨領域的外部專家（科學、政策、經濟、人文和設計）進行一系列講座。學生將開發和分析一個案例研究，制定關鍵評估和視覺表達的方法論。這些研究將考慮社會、文化和美學維度以及環境功能、經濟部署和政治參與。	
16	資料中未標示	哈佛大學 Harvard Summer School
課程名稱及介紹	**可持續性與影響投資** 環境、社會和治理（ESG）標準是否會影響公司的財務表現？如果會，那麼是如何影響的？何謂影響投資，又該如何評估？可持續金融已經演變成為全球金融議程的一個相關主題。本課程從可持續性投資和影響投資的角度研究這種演變。我們	

	涵蓋了 ESG 標準、多利益相關者的觀點、綠色債券、可持續資產管理、可持續發展目標（SDG）投資和影響投資等主題。	
17	Fall 2022	哈佛大學 Havard Law School
課程名稱及介紹	**ESG：21 世紀的企業倫理學** 本課程將探討 ESG（環境、社會和公司治理）作為一種主要投資策略的崛起及其對全球經濟多個行業的公司治理和監管的影響。許多人可能認為 ESG 僅是企業社會責任、公司治理、利益相關者主義或其他法學學者熟知的主題之一。為了了解它是什麼以及它不是什麼，我們將回顧企業倫理的主要理論，重點關注法律人格和企業責任等概念。從這樣的概念性討論出發，我們將深入了解 ESG 作為一種創建投資指標的方法論。我們將涵蓋「綠色金融」工具的法律方面，例如碳信用市場、綠色債券和可持續發展目標（SDG）投資，以及影響投資。包括它們各自的樣式文件和分類法。我們還將檢查 ESG 方法論的當前發展，特別是創建全球標準和指標的競爭。考慮到 ESG 的機制，我們將檢視全球監管機構對此類要求作出的反應，重點關注美國證券交易委員會和歐洲證券和市場管理局為打擊綠色洗白所做的努力。我們將就連接 ESG 方法論和法律的複雜主題進行辯論，例如實施國際碳市場的障礙及其對氣候變化的影響，社會努力增加公司的種族和性別多樣性，以及打擊腐敗的進展和反彈。我們將根據當前 ESG 指標表現良好的科技公司在監管上的挑戰進行分析，但同時也存在重大威脅，例如對能源需求的不斷增加、演算法歧視的存在以及管理人工智能的困難。	

18	資料中未標示	哈佛大學 General Education
課程名稱及介紹	**應對氣候變化：科學、技術和政策的基礎** 如何解決氣候變遷問題，減少已經發生的影響，並透過轉型能源系統來修復問題？本課程將探討氣候變遷的挑戰及應對方案。學生將學習氣候變遷的基本科學知識，包括地球輻射平衡、碳循環以及海洋和大氣的物理化學等。我們將研究地球歷史上的氣候變化重建，以提供思考現在和未來變化的背景。我們將批判性地檢視用於預測未來氣候變化的氣候模型，並討論其優缺點，評估哪些氣候變化影響的預測是穩健的，哪些是較具推測性的。我們將特別探討海平面上升和極端天氣（包括颶風、熱浪和洪水）。我們將研究氣候與人類社會之間的複雜相互作用，包括氣候對農業的影響以及氣候變化、移民和衝突之間的關係。我們還將討論適應氣候變化影響的策略以及這些策略對次國家和國際公平的影響。 課程的後半段將探討應對氣候變化的方法。首先，我們將回顧最近溫室氣體排放的歷史，以及各國和國際限制排放的努力。我們將討論使用林業、農業和土地利用來減少碳排放，然後重點探討如何轉型全球能源系統以消除二氧化碳排放。最後，我們將研究加快能源系統變革以限制溫室氣體排放的不同策略。	
19	2022	牛津大學 Oxford Climate Emergency Programme
課程名稱及介紹	**牛津氣候緊急計劃** 這門課程將帶領學生從系統性、組織性以及個人	

	的角度深入了解氣候緊急狀況及其未來的影響。除此之外，學生將學習如何透過應用替代經濟框架和商業模式創新來轉型業務，並獲得競爭優勢。此外，學生將掌握驅動集體行動和合作以有效應對氣候緊急狀況的工具。最後，學生將開展一個 100 天的計劃，以實現氣候目標，並激發迫切、有意義的變革在他們的組織中實現。	
20	2022	牛津大學 Oxford Climate Emergency Programme
課程名稱及介紹	**牛津氣候變化學院** 該課程特別設計，以提供跨學科的知識，讓參與者能夠成功應對氣候變化，並且對所有背景的人都易於接受。課程將從廣泛的氣候變化科學和影響開始，再深入探討最關鍵的領域，如能源、交通和法律，以協同氣候行動。課程將結束時，將回顧氣候減緩和適應的本地和全球框架，並考慮參與者在日常生活和未來職業中可以採取的實際行動。	
21	2021	加州理工學院 California Institute of Technology
課程名稱及介紹	**氣候學校** 旨在向加州理工學院（Caltech/JPL）的學生、教職員工和相關聯網提供有關氣候變化科學的深入技術信息。希望參與者在參加課程後，能夠了解溫室氣體排放與地球不斷變化的氣候條件之間的聯繫，並能夠向他人解釋這些概念。	

22	2021	加州理工學院 California Institute of Technology
課程名稱及介紹	**Chen-Huang 永續發展系列講座** Chen-Huang 永續發展系列講座邀請能源科學、技術、政策、經濟、媒體等領域的領先思想家和研究人員到校與加州理工學院社群及公眾分享他們的見解。	
23	2018~2019	芝加哥大學 General Education
課程名稱及介紹	**替代能源經濟的化學** 本課程將介紹替代能源技術的化學知識以及科學提供氣候變化解決方案的潛力。主題包括非再生能源來源（化石燃料和核能）和可再生能源來源，包括電力生產（光伏、太陽熱能、風能、水力和地熱）、燃料生產（太陽能和生物燃料）以及能源儲存（電池和燃料電池）。我們還將涉及氣候變化減緩方法（碳捕獲和地球工程學）。通過對能源生產和轉換的基本化學原理的理解，進一步豐富這些主題的討論。學生將認識到化學在替代能源經濟中可以發揮的關鍵作用，並建立更好地了解能源問題的基礎。實驗部分將通過實踐性實驗和探索性項目，提供對講座內容的實際支持。	
24	2019 Fall	芝加哥大學 General Education
課程名稱及介紹	**全球暖化：了解預測** 本課程介紹全球暖化的科學基礎，讓學生能夠評估未來數世紀人為氣候變化的可能性和潛在嚴重性。它包括溫室效應的物理學概述，並與金星和	

	火星進行比較；碳循環的概述及其作為全球恒溫器的作用；以及溫室效應世界氣候模型預測的可靠性和可信度。本課程是「氣候變化、文化和社會」大學課程集群計劃的一部分。	
25	資料中未標示	賓夕法尼亞大學 Business Economics & Public Policy
課程名稱及介紹	**氣候與金融市場** 氣候變遷可能是我們時代最具挑戰性的議題，對金融市場和整體經濟產生廣泛的影響。同時，金融市場在支持實現零碳經濟轉型方面扮演著重要角色。然而，金融市場參與者所獲得的資訊影響了其角色和影響力。本課程探討氣候風險——包括物理和監管風險——如何影響企業、金融市場（包括碳和可再生能源證書市場）以及能源和房地產市場。我們還探討企業披露和第三方資訊來源的作用。因為氣候變遷是幾乎每家公司和政府的重要議題，因此本課程對於希望追求以可持續為中心的職業生涯以及想更好地了解氣候議題如何影響金融部門、諮詢公司或非營利組織的學生都有價值。本課程的起點是金融市場參與者越來越意識到氣候變遷代表了重要的投資風險。一個核心關注點集中於轉型風險，特別是監管應對氣候變遷對碳密集型能源公司的商業模式所產生的影響。我們討論各種氣候風險如何影響投資者配置資本和行使其對企業的監督權。首先，我們從氣候風險對股票、債券和房地產市場的價格影響出發，包括股東行動主義和參與、撤資和投資組合對齊的作用。接著，我們關注碳市場及其價格，並探討通過金融工具（如碳或可再生能源證書和衍生品合約）對氣候風險進行對沖的策略。	

26	資料中未標示	賓夕法尼亞大學 Business Economics & Public Policy
課程名稱及介紹	**ESG 因素的實質性** 在這門課程中，你將探索現代 ESG 建立的基礎，市場力量如何對 ESG 做出反應，以及如何使用 ESG 投資策略創建和維護價值。你還將了解到實質性的五條路徑，以及它們如何與 ESG 表現相互作用或對抗。你將研究企業在將 ESG 投資納入其投資組合時所面臨的眾多挑戰，以及 ESG 不斷變化的景觀是如何使此成為當今企業金融運作中未開發的潛力領域。你還將通過現實案例學習如何評估風險，創建更好的風險管理政策，並建立一張地圖來確定有價值的機會區域，並創建更好的決策方法。最後，你將探討投資組合優化和利用 ESG 因素來最大化回報，以及檢視不同基金、它們的費用結構以及投資者如何將 ESG 融入其投資組合。通過本課程的學習，你將了解創建一個堅實的風險管理計劃的最佳實踐方法，以及如何創建一個對 ESG 敏感的文化。你將更好地了解 ESG 的歷史和框架，以及如何使用更智能的方法來識別風險、應對 ESG 問題，並實現 ESG 投資目標的路徑。	
27	資料中未標示	賓夕法尼亞大學 The Materiality of ESG Factors
課程名稱及介紹	**ESG 影響：投資人的觀點** 在本課程中，您將分析評估不同 ESG 因素和行業差異中利益相關者利益或重要性的重要性。您還將評估 ESG 因素在投資決策中的重要性，包括如	

	何使用它們創建具有優於平均收益的社會責任投資組合。您還將檢查與 ESG 投資相關的風險，以及它們如何影響公司的盈利能力。 接下來，您將回顧積極和消極篩選的概念，並確定導致投資者退出某些資產的 ESG 因素。您將回顧與氣候、多樣性、高管薪酬、管治問題相關的 ESG 風險，並評估企業績效和股價與 ESG 得分的相關性。您還將檢查 ESG 採用如何加速石化燃料退出的增長趨勢，其對回報的最小影響以及這對長期意義的影響。最後，您將分析定量和定性測量，並探索不同的協議，如 MSCI，以評估並提供可能影響利益相關者和投資者利益的 ESG 評級。 在本課程結束時，您將探索 ESG 投資的成長，評估它已被整合到市場中的各種方式，並分析當今在 ESG 領域中使用的複雜指數化和測量技術。	
28	資料中未標示	賓夕法尼亞大學 The Materiality of ESG Factors
課程名稱及介紹	**ESG 和氣候變化** 在這門課中，您將著重於了解氣候變化及其對 21 世紀企業帶來的風險和機遇。您將分析全球範圍內氣候變化的現況和實現淨零經濟所需的投資轉移。接著，您將分析氣候披露的作用及其在 ESG 中的重要性。 您還將回顧私人環境治理，私人公司在抗擊氣候變化中所扮演的積極角色，以及公共和私人部門之間的相似之處。此外，您還將評估保險業及其傳遞風險的方式，以及作為私人或公共治理形式的保險可以如何構建氣候韌性的創新方式。在最後一個模組中，您將回顧綠色洗白的概念：是什	

	麼驅使企業做出誇大的環境聲明，為什麼這樣做是有害的，以及執法行動的示例。最後，您還將了解產品監管的重要性。 通過這門課，您將全面了解公共和私人環境治理、未得到緩解的氣候變化所帶來的財務風險、氣候披露，以及企業領袖可以觀察和實施氣候解決方案的創新方式。	
29	資料中未標示	賓夕法尼亞大學 The Materiality of ESG Factors
課程名稱及介紹	**ESG 和社會行動主義** 在這門課程中，您將了解當代 ESG 評級的影響以及公司如何平衡 ESG 問題與其財務績效。您將評估企業真誠度的有效性以及政治在制定企業 ESG 政策時的影響。您還將學習社會行動主義打擾市場的能力，以及利益相關者在處理金融市場時所扮演的角色。接下來，您將學習企業董事會的重要性，以及創建可以維持中立性以保護企業和股東利益的獨立董事的意義。您還將學習如何管理董事會結構，選擇董事會成員的方法，以及董事會在制定 ESG 政策時所扮演的角色。 最後，您將看到在組織內創建多元和包容性文化的必要性，並檢視董事會創建強大的危機和風險管理政策的最佳實踐。通過本課程的學習，您將全面了解社會行動主義如何影響 21 世紀的企業世界，如何建立一個董事會，以將 ESG 問題納入風險管理和治理策略中，以及鼓勵多元和包容性文化如何讓企業受益。	

30	資料中未標示	耶魯大學
課程名稱及介紹	**商業與環境：管理與戰略** 本課程著重於將環境問題和可持續性納入企業策略和管理的政策和商業邏輯。學生需要分析何時以及如何通過可持續領導來實現競爭優勢，幫助企業削減成本、降低風險、推動增長、提升品牌形象和無形價值。該課程結合管理理論和工具、塑造商業——環境界面的法律和監管框架以及企業在社會中的不斷演變角色，包括如何應對日益多元化的利益相關者、日益增加的透明度和與企業環境、社會和治理（ESG）表現相關的不斷提高的期望。	
31	資料中未標示	耶魯大學
課程名稱及介紹	**可持續金融政策與監管** 金融一直被視為轉型成為可持續經濟的必要工具。然而，氣候變化被譽為是「世界所見過最大的市場失靈」，直到最近，金融市場及其管理者（監管機構和中央銀行）才開始關注。ESG 市場的興起、綠色洗錢爭議的不斷增加、巴黎協定的簽署以及不斷升級的氣候緊急狀況已迫使政策制定者和監管機構轉換方向。這門新課程探討了金融政策和監管如何塑造轉型為可持續經濟的過程。可持續金融政策和監管是當今氣候緊急狀況下最具創新性的公共響應之一。本課程首先探討自我監管和傳統政策工具的局限性，然後介入有關金融政策和監管角色的新辯論。這些辯論為學生提供了系統和實際的機會，評估全球範圍內使用或考慮支持金融體系轉型為可持續經濟的舊有	

	和新的政策工具。儘管金融政策和監管的重點在於氣候，但本課程也整合了可持續金融的其他社會和環境維度。除了每週兩次的講座外，學生還有機會在本學期與三位可持續金融政策與監管的高級專家進行交流。	
32	資料中未標示	耶魯大學
課程名稱及介紹	**管理清潔能源轉型：當代能源和氣候變化政策制定** 本研討會探討全球主要經濟體在管理轉向清潔能源未來和巴黎協定目標的過程中所面臨的主要挑戰，同時滿足其能源安全需求和保持競爭力。課程結束時，學生應熟悉全球能源和氣候變化架構的主要特點，各國政策制定者在平衡能源和氣候目標方面面臨的主要挑戰，以及在我們邁向淨零排放世界的過程中，主要燃料和技術的發展前景。在穩固的能源和氣候變化方案的基礎上，本課程探討了電力和可再生能源、能源效率和清潔能源技術在清潔能源轉型中的角色；企業和金融部門的氣候行動；碳定價等經濟工具；以及在清潔能源轉型中化石燃料的角色轉變。	
33	Spring 2022	哥倫比亞大學 Sustainability Management（SUMA）
課程名稱及介紹	**SG 對齊企業治理** 環境、社會和管治議題（ESG）正逐漸成為企業董事會和高層管理團隊關注的焦點。這門選修課程補充了管理和運營課程，著重關注企業、金融機構和專業公司董事會和高層管理層在應對 ESG 風險以及促進和監督與 ESG 原則對齊的管治角色和責任。課程著眼於企業面臨的外部法律、競爭、	

<table>
<tr><td></td><td colspan="2">社會、環境和政策「生態系統」（在全球各地存在差異），以及公司的內部結構、運營和壓力之間的交互作用。我們將以聯合國《業務和人權導則》和聯合國全球契約原則（包括 ESG 的所有方面）作為中心框架，探討企業對尊重和補救人權和環境損害的責任概念。我們還將檢視《赤道原則》和其他框架，詳細說明項目融資和其他投資決策的良好做法，並參考這個跨學科領域中存在的各種指標、供應商披露門戶和基準。我們將從業務經理需要了解的角度討論相關的法規、公司法制度和法院案例。雖然大部分課程將涉及全球、區域或國家市場的公司和企業，但有幾個例子將討論 ESG 生態系統如何影響或為初創企業提供機會。</td></tr>
<tr><td>34</td><td>Spring 2022</td><td>哥倫比亞大學 Sustainability Management（SUMA）</td></tr>
<tr><td>課程名稱及介紹</td><td colspan="2">溫室氣體排放碳足跡
全球溫室氣體（GHG）排放量已經創下新高，全球科學界一致認為，繼續不受限制地排放溫室氣體將帶來災難性後果。多年來，已經進行了許多公共和私人減排的努力，然而現在明顯的是，這些努力的集體失敗，需要更多協調一致的努力。2015 年 12 月，在巴黎，全球國家同意採取行動，限制未來全球氣溫上升幅度低於 2°C，同時努力限制氣溫上升幅度更低至 1.5°C。實現這一目標需要公共和私營各個領域減排溫室氣體。任何減排溫室氣體的試圖都需要對溫室氣體排放源和排放水平有清晰、準確的了解。本課程將涵蓋溫室氣體排放核算和報告的所有方面，並為學生提供必要</td></tr>
</table>

	的實際技能，以便日後指導這些工作。 本課程的學生將獲得實踐經驗，設計和執行公司、金融機構和政府的溫室氣體排放清單，包括確定分析邊界、數據收集、排放水平計算和報告結果等所有必要技能。課堂上的工作坊和練習將補充論文和小組任務。本課程的重要組成部分是對現有會計和報告標準以及減排目標設定實踐的批判性評估。 本課程將介紹碳核算從業人員面臨的許多挑戰，並要求學生通過批判性分析提出解決方案。課堂將檢查現有的溫室氣體報告工作，並允許學生提出改進的計算和報告方法的建議。	
35	Spring 2022	哥倫比亞大學 Sps Pre-college Program（SHSP）
課程名稱及介紹	**社會責任投資** 過去幾年來，環境、社會和企業治理（ESG）投資的關注度顯著增長，以氣候變化的趨勢為主導。曾經被視為公共價值重點的投資方式，現在已經成為一種謹慎的投資策略，因為研究顯示，長期以來，致力於可持續商業實踐的公司表現優於其他公司。結果，出現了大量轉向 ESG 和影響力投資的趨勢。 本課程介紹社會責任投資，以及 ESG 投資和影響力投資之間的區別。我們探討 ESG 投資、超越市場回報和實現可持續發展目標之間的關係。 課堂上呈現的材料以及班級討論使學生能夠回答以下問題：投資如何與可持續性和實現可持續發展目標相協調？ESG 投資是否會成為常態而非例外？綠色金融與 ESG 投資之間有什麼聯繫？	

	通過介紹金融和資產管理理論、班級講座和投資案例研究的混合方式，學生可以了解可持續投資中潛在的挑戰和機遇。	
36	資料中未標示	劍橋大學 Institute for Sustainability Leadership
課程名稱及介紹	**企業與氣候變遷：邁向零排放** 獲取有關氣候變遷對組織風險和機遇的洞察，並學習如何混合化您的技能集，並重新調整您的商業模式，以實現長期價值和韌性。	
37	資料中未標示	牛津大學 Oxford Climate Emergency Programme
課程名稱及介紹	**牛津氣候緊急計劃** 本線上短期課程將提供幾項學習重點，如從系統性、組織性和個人角度了解氣候緊急狀況及其未來影響，學習運用替代經濟框架和商業模式創新，轉型您的企業並獲得競爭優勢的技能，以及學習運用工具推動集體行動和協作，有效應對氣候緊急狀況，設想獲得 100 天計劃，以實現氣候目標，在您的組織中引發迫切且有意義的改變。 透過這些學習目標，您將能夠掌握應對氣候變化的重要技能，不僅為您的企業打造長期的價值和強韌性，同時也為整個社會和地球環境帶來積極的影響。	
38	資料中未標示	牛津大學
課程名稱及介紹	**牛津氣候變化學院** 此課程專門為追求成功的氣候行動所需的跨學科知識而設計，同時對來自各種背景的個人開放。	

	它將從氣候變化的科學和影響的廣泛概述開始，然後深入探討最關鍵的領域，如能源、運輸和法律，以實現一致的氣候行動。最後，課程將回顧全球和本地的氣候減緩和適應框架，並關注參與者在日常生活和未來職業中可以採取的實際行動。

2.國外工程不分系

編號	年份	開課大學及系所
1	資料中未標示	麻省理工學院 Environment & Sustainability（E&S）
課程名稱及介紹	**減少城市交通碳排放量** 著重於測量和減少客運交通所產生的排放量。在研究旅行、能源和氣候條件後，學生們會審查現有的交通減碳方法，評估新的移動技術是否有助於實現零排放的移動系統，或會延遲實現該目標。學生們會考慮需要實現改變的政策工具，並利用 Kata Identity 方法框架，將過去和未來的排放量分解為其各個組成部分，從而評估減排效果。本課程旨在讓學生能夠成為交通減碳方法的明智評估者，並提供他們制定和評估與其本地職業挑戰相關的政策措施的工具。	
2	資料中未標示	麻省理工學院 Special Programs
課程名稱及介紹	**低碳能源的研究與應用** 當今社會面臨的重要挑戰之一是要為不斷增長的全球人口提供更多的能源，同時減少碳排放以應對氣候變化。氣候科學顯示，要盡快完成這一目	

	標，因為大多數溫室氣體的居留時間都很長。本課程在麻省理工學院的相關研究基礎上，提供相關的研究內容。學生們將審查有關低碳技術和氣候變化的短文，聆聽與 MITEI 低碳能源中心有關的教師、研究人員和工業代表的講解，並創作數位故事，探索挑戰、研究和技術目前的應用之間的聯繫。本課程為學生未來的學術工作提供背景，並向學生介紹了許多麻省理工學院的專業如何應用於能源領域。	
3	Fall 2022	麻省理工學院 Civil and Environmental Engineering
課程名稱及介紹	**碳管理** 介紹碳循環和「氣候解決方案」。提供專門知識，以通過基於自然和技術的解決方案管理和抵消政府實體和大型企業的碳排放。學生們準備一個小型項目，模擬評估特定組織從空氣中移除二氧化碳的做法和技術，這將使他們成為具有評估和管理碳排放技能的專業人員。	
4	Fall 2022	麻省理工學院 Nuclear Science and Engineering
課程名稱及介紹	**從電路到零碳網格的類比電子學** 研究不同電力源的物理特性，以及它們如何共同運作，使低／零碳網格成為現實。涵蓋類比電子學、被動元件和電力系統，以了解基本電路、濾波器和網格規模電力系統的運作方式。RLC 被動元件、電阻模型、阻抗、共振、一／二階濾波器設計。將概念整合到滿足用戶需求的簡單電路中。電力系統、傳輸、頻率和阻抗匹配、網格基	

	礎設施和不穩定性的基本知識。電力發電模型，聚焦於清潔能源系統。實驗室包括類比電子學基礎、設計活動以及物理微型網格模擬和分析。	
5	Fall 2022	麻省理工學院 Earth, Atmospheric, and Planetary Sciences
課程名稱及介紹	**全球碳循環的機制和模型** 探討海洋、陸地生物圈和岩石對大氣二氧化碳的調節，時間跨度從數月到數百萬年。包括碳循環和氣候之間的反饋。結合實際數據分析和基於基本物理、化學和生物原理的簡單模型。學生個別創建「玩具」全球碳循環模型。	
6	資料中未標示	哈佛大學 Harvard Extension School
課程名稱及介紹	**綠色建築、城市彈性和社區可持續性** 課程使用社會公平和基本環境、社會和治理（ESG）指標的框架，探討城市設計和政策如何支持人類福祉的優先事項。	
7	Fall 2022	哈佛大學 Harvard Extension School
課程名稱及介紹	**改造建築環境以實現彈性和可持續性** 如何讓房地產和建築更能回應氣候風險及其他社區挑戰？近十年來，綠色建築發展迅速，但轉型速度是否足夠應對未來動盪時代中社區的需求？城市彈性是否能成為房地產發展的固有維度，以預防氣候變化所造成的廣泛中斷？我們社區的建成環境創造能源和物質利用模式，並對其生態產生後續影響。氣候變化挑戰現有建築和基礎設施，促使新政策和專業回應的出現。建築設計和位置對於住戶的福祉、舒適度和生產力是至關重	

	要的決定因素。本課程介紹了可持續和彈性的原則，關注系統動力學，在社會公平和基本的環境、社會和管治指標（ESG）評量框架下，探索城市設計和政策如何擁抱人類福祉的優先事項。學生將熟悉國際可持續設計、運營和建築管理的標準，更有利於社區的完整性，例如美國綠色建築委員會（US Green Building Council）的 LEED 認證、被動房（passive house）、WELL 建築標準、Living Building Challenge 和其他相關可持續設計概念。我們確保學生參與當地政策協議的實踐，並與參與可持續和彈性最佳實踐推進的從業人員見面。	
8	資料中未標示	哈佛大學 Harvard Graduate School of Design
課程名稱及介紹	**高效能建築的先進技術：創造可持續、公平、有效率的環境** 直到最近，建築物一直被設計和建造得像被動的巨石，缺乏一個中央神經系統來收集、處理和對眾多感官輸入作出反應。透過多種相互連接的建築技術，現在正在實現建築物像生物體般對其環境作出反應和適應的潛力。建築物和其居住者之間的共生關係將居住者的體驗與建築物的自動反應和適應結合起來，透過先進的分析和物理系統，這種關係可以大大增強。 本課程介紹了建築技術的進步，包括物聯網（IoT）和數位孿生、大數據分析、人工智能和機器學習、佔用管理以及 COVID 時代的創新，如無觸控導航和大流行級別的空氣過濾。這些進展被廣泛稱為智能建築技術（IBT）。本課程旨在引導	

	參與者了解這些技術及其在其項目中的應用，從智能到自主，從個人層面到建築物層面到企業層面，一直到創建不同複雜度和尺度的智能建築的實際方面。通過練習，課程成員可以共同合作研究案例，並應用講座中的概念創建自己的模型。	
9	資料中未標示	哈佛大學 Envi Science & Public Policy
課程名稱及介紹	**氣候責任和氣候行動** 誰對氣候變化負責？回答這個問題是建立公平政策來減少溫室氣體排放，並限制現在不可避免的氣候破壞的核心。國際氣候政策框架聚焦於各國「共同但有差異的責任」，但氣候責任也擴展到非國家行為者，包括個人、公用事業和石化公司等碳供應鏈的基礎，他們的責任越來越受到民間社會、政策制定者和法院的關注。本課程從倫理、歷史、科學和政策的角度探討氣候責任的本質以及國家和非國家行為者加速負責氣候行動的方法的有效性。	
10	資料中未標示	哈佛大學 Landscape Architecture
課程名稱及介紹	**氣候設計** 透過一系列案例研究，本課程將探討氣候危機的範例性設計回應，包括適應（包括社區的留存和撤離）和減緩（透過增加碳吸收和減少排放）。這些典範案例將作為理解和表述景觀建築和相關學科在設計越來越脆弱的地球方面的不斷演變角色的手段。因此，本課程不僅將探討景觀建築如何應對氣候危機，還將探討這些行動對設計本身性質的影響。這些案例將放置於不同的地理背景	

	中，而回應將相對於氣候科學的進展以及社會、環境、經濟和政治環境的差異而理解。本課程將由 GSD 教師和跨領域的外部專家（科學、政策、經濟、人文、設計）進行一系列講座。每兩週會有閱讀討論小組，進一步探索講座主題、課程閱讀和提供的音頻資源。學生將開發和分析一個案例研究，發展批判性評估和視覺呈現的方法論。這些研究將考慮社會、文化和美學維度，以及環境功能、經濟部署和政治參與。	
11	資料中未標示	芝加哥大學 Energy Policy Institute at the University of Chicago
課程名稱及介紹	**能源與環境經濟學 III** 達到最佳環境規範需要分析市場和監管缺陷之間的權衡。當存在外部性、市場壟斷和資訊不對稱等缺陷時，市場配置是低效率的。另一方面，政府為了減緩這些缺陷而進行干預也不是無成本的，甚至可能使市場表現更差。本課程專注於最近的環境和能源政策成本效益的實證分析，包括介紹相關的計量經濟學方法，例如隨機控制試驗、迴歸斷裂設計、匯聚分析和結構估計。主題包括：能源需求和能源效率差距、燃油效率和家電效率標準、非線性和即時的電力定價、批發電力市場、可再生能源政策、天然氣市場、零售汽油市場和技術創新。	
12	資料中未標示	芝加哥大學 Energy Policy Institute at the University of Chicago
課程名稱及介紹	**全球生物地球化學循環** 本課程調查地球表面的地球化學，重點探討影響	

	大氣、海洋和陸地棲息地化學物種分布的生物和地質過程。討論碳、氮、氧、磷和硫的預算和循環，以及代謝、風化、酸鹼和溶解平衡以及同位素分餾的化學基礎。本課程研究生命在維持地球表面環境的化學失衡方面所扮演的核心角色。此外，本課程還探討生物地球化學循環隨時間如何改變（或抵抗改變），以及地球化學、生物（包括人類）活動和地球氣候之間的關係。	
13	資料中未標示	芝加哥大學 Energy Policy Institute at the University of Chicago
課程名稱及介紹	**全球暖化：了解預測（翻轉教室）** 這門課程呈現全球暖化的科學基礎，使學生能夠評估未來數世紀人為氣候變化的可能性和潛在嚴重性。課程包括溫室效應物理學概述，包括與金星和火星的比較；碳循環在其作為全球恆溫器的角色中的概述；以及溫室世界氣候模型預測的可靠性。此課程為「氣候變遷、文化與社會」學院課程群的一部分。該課程涵蓋與 PHSC13400 相同的材料，但採用翻轉教室的方式組織，以增加學生參與和學習。	
14	資料中未標示	芝加哥大學 Energy Policy Institute at the University of Chicago
課程名稱及介紹	**能源、政策和關鍵基礎設施** 能源一直以來都是全球城市、州／省和國家政策議題和政治關注的重要問題。由於能源安全、經濟繁榮和環境可持續性的挑戰，政治家和公眾正在尋求更低碳的能源未來，以清潔、更高效的能源技術為基礎。能源資源及其相關的關鍵基礎設	

<table>
<tr><td></td><td colspan="2">施的變化，帶來的是經濟、政治和社會力量的轉變。當前全球能源轉型帶來了破壞性的力量，令既得的經濟利益、現有的政治聯盟和個人和機構習慣感到不安。本課程將通過經濟繁榮、政治穩定和關鍵基礎設施的多重角度，檢視當前的能源轉型。課程將為學生提供深入了解能源社會政治動態的各種維度的知識，以及批判性地評估國內外能源技術選擇和圍繞我們的能源選擇形成的關鍵基礎設施網絡的政策辯論所需的技能。</td></tr>
<tr><td>15</td><td>資料中未標示</td><td>耶魯大學 Yale School of the Environment</td></tr>
<tr><td>課程名稱及介紹</td><td colspan="2">碳足跡、建模和分析
碳足跡是氣候政策制定中重要的工具。碳足跡描述了與活動、公司、家庭或國家相關的溫室氣體排放，基於全生命週期的角度，將溫室氣體排放歸屬於最終使用者。碳足跡也與減少溫室氣體排放的責任相關。本課程介紹使用輸入-輸出技術和全生命週期評估來評估碳足跡的方法，並探討與碳足跡相關的科學、政策和管理問題。此外，本課程還介紹了碳足跡結果的分析和解釋。課程分為兩部分。第一部分，學生通過講座和練習學習使用通用工具（例如MatLab和Excel）進行碳足跡建模和分析的技術。課程的第二部分專門評估和了解最終需求領域（例如食品）、特定產品組（例如汽車）或組織（例如 F&ES、YNHH）的碳足跡。評分基於問題集、期中考試和期末項目。學生必須熟悉定量分析，準備掌握基本的編程和建模技能。具備生命週期評估和工業生態學的先備知識是可取的，可以通過修讀F&ES 884來獲得。</td></tr>
</table>

16	Spring2022	哥倫比亞大學 Electrical Engineering
課程名稱及介紹	**電機工程系高年級設計專案** 學生們組成團隊，規劃、設計、實施和測試一個工程原型。這項專案包含技術以及非技術性的考量，例如可製造性、對環境的影響、經濟效益、遵守工程標準和其他真實世界的限制等等。專案最後會由每個設計團隊在學校的全校展覽上公開發表。	
17	資料中未標示	劍橋大學 MPhil in Engineering for Sustainable Development
課程名稱及介紹	**邁向可持續發展的驅動力（ESD 150）** 該課程內容涵蓋質性問題，例如個人願景和動機；改變框架；領導和道德立場，並將探討真實變革的案例研究，及利用班級的經驗。此外，該課程還將通過實踐者觀點系列提供行業觀點。	
18	資料中未標示	劍橋大學 MPhil in Engineering for Sustainable Development
課程名稱及介紹	**可持續性方法和衡量（ESD 200）** 本課程旨在介紹系統思維和可持續性和環境評估中使用的主要方法。透過課程學習，學生將能夠了解為了應對可持續性問題的複雜性，需要採用系統思維和方法，並學習選擇和應用適合的方法來評估各種情況下的可持續性，並且了解它們的限制，具備批判性評估基於最常見的可持續性方法的主張的有效性。學生將學習如何分析和評估各種情況下的可持續性，並且了解如何應用這些方法來解決真實的問題。	

19	資料中未標示	劍橋大學 MPhil in Engineering for Sustainable Development
課程名稱及介紹	**基礎建設系統的彈性（ESD 380）** 本課程將探討工程和基礎建設發展，並了解到今天設計的基礎建設需要能夠在不確定的未來提供服務。它將強調在假設穩定環境下管理基礎建設系統的限制，以及需要規劃風險管理的情況。	

3.國內基礎課程

編號	年份	開課大學及系所
1	2022	臺灣大學 戲劇學研究所
課程名稱及介紹	**顯示科技與沉浸式體驗設計** 課程藉由實作，帶領同學探索顯示科技、沉浸式體驗科技應用的可能性，共同思考科技的介入能發展出何種新的展演形式。 課程前半部以工作坊的形式建立同學的相關知識基礎與技術能力，同時讓同學熟稔彼此，形成有默契與凝聚力的團隊； 後半部則讓同學組隊發展作品，並利用實驗劇場的沉浸式投影環境做期末呈現。	
2	2021	臺灣大學 國家發展所
課程名稱及介紹	**淨零碳排與永續轉型治理** 課程藉由議題探討來引導同學了解淨零碳排的相關議題與重要性，並藉由討論的過程來進一步分析永續轉型的意涵以及轉型應具備的要素。	

3	2022	臺灣大學 國家發展所
課程名稱及介紹	**永續金融與 ESG** 本課程從全球治理及政治經濟學的視角來討探永續金融及 ESG 的發展。 這門課的結構可分作兩大部分。課程第一部分主要關注永續金融在制度層次上的設計、運作及影響，涵蓋主題包括全球治理的模式、氣候金融的國際流動、碳交易市場的設計、中央銀行的角色、綠色債券及社會影響債券的運作，以及針對歐盟、亞洲國家和臺灣的個案研究。 課程的第二部分則是聚焦 ESG 在企業層次上的運作及影響。本課程除課堂授課外，也包含專題演講及機構參訪，以期增進修課同學對個案及實務的理解。	
4	2022	臺灣大學 生傳發展系
課程名稱及介紹	**永續社會發展** 本課程主要在介紹人類社會發展與環境變遷、科技進步、生物產業發展之間的關係。 藉由當代重要的社會發展理論之探討，如現代化理論、結構依賴理論與世界體系理論，並在永續發展的理念下，引導同學反思人類社會發展的極限與可能的替代途徑。 重要的研討議題，包含經濟成長、環境正義、環境倫理、氣候變遷、科技風險社會、食品安全、糧食安全、永續發展指標，以及提升國民幸福導向的另類社會發展。	

5	2021	臺灣大學 國家發展所
課程名稱及介紹	**都市永續發展治理專題** 面對日益嚴峻的全球氣候變遷挑戰，達成全球性的氣候協議，是一項刻不容緩的制度建構工作。誠然，全球氣候協議的制定，有其迫切必要性。但是，誠如，政治學中常見的說法，所有的政治都是地方政治。全球氣候協議的具體落實，需要仰賴地方政策利害關係人的參與及投入，是以，在全球多層次氣候治理（multilevel global climate governance）上，地方政府將扮演一定的角色。 同時，在世界各國尚未凝聚共識之前，倘若地方政府及民間組織能夠自願性地投入氣候治理、永續發展等政策課題，亦可為減緩氣候變遷的衝擊盡一份心力。 當為數眾多的地區，願意採取永續發展的策略，就有可能進一步促成由下而上的全球性政策創新擴散（innovation diffusion）。更重要的是，隨著極端氣候越來越頻繁的發生，也使得地方的政策行動者，不得不重新思考經濟發展與環境永續的課題，試圖平衡氣候變遷策略——減緩（mitigation）和調適（adaptation），以及其他政治、經濟等重大社會問題。凡此，皆說明了都市地區如何制定並執行永續發展政策，對於整體社會能否有效回應氣候變遷所帶來的衝擊，有其實務與理論意義。	
6	2022 Fall	清華大學 竹師教育學院教育學院學士班
課程名稱及介紹	**永續發展與資源管理** 本課程旨在強調從永續發展與資源管理層面，進行	

	應對綠色教育專業人材之訓練，課程將由初級環境資源辨識，進階至永續發展向的資源分析工具，包含綠色經濟、資源管理、生態永續、自然保育等面向。	
7	2022 Fall	清華大學 竹師教育學院教育學院學士班
課程名稱及介紹	**文化遺產與永續發展** 文化遺產長期以來缺乏永續發展的主流辯論，儘管它對社會至關重要，並廣泛承認其對社會、經濟和環境目標有著重大的影響潛力。過去幾年，聯合國大會通過的《2030 年議程》（2030 Agenda）首次將文化議題納入考量，希望透過文化遺產和創造力作為永續發展目標可持續發展的推動者。永續性（sustainability）的概念是在 1994 年首次修訂納入「世界遺產公約執行作業要點」，並且參考文化景觀的「永續利用」（sustainable use），然後首次作為一種新的遺產屬性引入。爾後在 2002 年布達佩斯所舉辦的第 26 屆會議上，世界遺產委員會通過了所謂的《布達佩斯宣言》，強調必須「確保在保護永續性和發展之間取得適當和公平的平衡，以便世界遺產可以成為透過促進社會和經濟發展以及我們社區環境的生活品質之間有適當活動加以保護。」2012 年世界遺產中心出版了第 65 期的《世界遺產雜誌》，該期主題是「永續發展」（Sustainable Development）。隔年，2013 年聯合國教科文組織頒布了《杭州宣言：將文化置於永續發展政策的核心地位》，再再顯示文化遺產與永續發展之間的關係連結已經是國際趨勢。本課程希望學生能夠討論和批判性地反思永續發展的不同概念，反思文化遺產保存與永續發展之間的關係。	

<table>
<tr><td>8</td><td>2022 Fall</td><td>清華大學 環境與文化資源學系碩士班</td></tr>
<tr><td>課程名稱
及介紹</td><td colspan="2">環境資源管理專論
環境與資源管理期望能找尋人類、環境、資源之永續利用與合諧相處之道。本課程主要目的是教授環境與資源管理的理論、政策與方法，並深入探討這些理論與模型於各種環境與資源管理機制或政策制定之實務案例，及應用於資源管理及環境政策與制度之設計與執行。期望培育國家永續發展之環境管理人才。</td></tr>
<tr><td>9</td><td>2022 Fall</td><td>清華大學 環境與文化資源學系碩士班</td></tr>
<tr><td>課程名稱
及介紹</td><td colspan="2">國際環境治理與環境法專題
這是一門「有感覺」的環境法。課程重點不僅在於文獻，而在於對自然與人文環境的關懷。本課程宏觀探討在氣候變遷與全球化時代，法律於環境治理、低碳能源轉型、綠色科技創新、企業永續與社區發展上扮演的角色。課程結構分為兩大部分：一是全球環境治理體系與國際環境法，二是臺灣國內環境法之基礎與當前重要環境議題。在國際層次，探討重心為國際環境法的法源、相關國際組織、地緣政治、全球環境治理之參與者（國家、企業、NGO、個人等）、跨國環境議題（氣候變遷、汙染、貿易、海洋資源、生物多樣性等）、國際環境法與其他國際法領域之交錯，以及臺灣與全球環境議題之間的連結。而在國內層次，則介紹臺灣環境法制架構、政策演進、2025年低碳能源轉型、循環經濟、環境執法與公民參與等議題。授課方式結合理論與實務，將邀請實務人士演講與進行參訪，並鼓勵學生運用法律、實證資料與經濟理論研究當代</td></tr>
</table>

	環境議題。此課程可作為未來從事環境實務工作、跨領域研究與國內外進修之基礎。課前也不需具有法律專業知識背景之要求，但期待同學具有全球視野，和一顆好奇、主動學習的心。	
10	2021 Fall	清華大學 數理教育研究所
課程名稱及介紹	**環境議題與教學** 本課程主要目標在透過環境議題的調查、分析及行動技能訓練教學模式的實際演練，提昇學生環境議題教學的技巧與能力，並培養 decision making 的技巧及能力。課程內涵包括：全球重大環境問題與議題、臺灣當前環境狀況、環境相關議題、環境教學模式、環境議題的調查分析技巧等。	
11	2022 Fall	清華大學 通識中心
課程名稱及介紹	**自然環境變遷、調適與永續發展** 仰賴於地球提供的自然環境與資源，人類得以生存、繁衍、建立文明，然而隨著當今人類社會的快速都市化，儘管自然環境仍供給人類無盡的〔生態系服務功能〕，人們卻往往已經遺忘了本身與自然之間的連結。本課程將探究人與自然生態之間密切、複雜、又多元的關係，找回期間失落的鏈結，再進一步探討人類對於自然資源的超限利用與對環境的開發破壞，導致生物多樣性面臨嚴重危機，隨之而來的是對現代人類的福祉以及未來永續的嚴重威脅，最後反思如何應用現代科學與技術，解決這樣的問題。	

12	2022 Fall	清華大學 通識中心
課程名稱及介紹	**生態體系與全球變遷** 地球自然環境是變動不已的，不論是生物的演進，乃至於岩石、水與大氣的作用。在地球演化的長河中，人類歷史原只一瞬間，但是人類大量而快速地利用自然資源，使得自然環境的急遽地變遷，威脅其他生物的生存。我們必須認識現今全球自然環境變遷的趨勢、資源能源的可承載限度、與連鎖發生的災害威脅，並審慎地採取適當的因應措施與作為，才有可能永續發展，與萬物共榮。本課程藉由課堂講演與問題討論闡述自然環境變遷的自然因素與人為因素，涵蓋大氣圈、水圈、生物圈與地圈等面向，以及對應的調適觀念、能源與資源產業轉型、國際公約、國內法、與公共政策等主題。此外，每堂課也附加延伸閱讀教材，擴充各議題的相關領域觀念、知識與科技進展，並且每週作業引導同學閱讀課程講義、延伸閱讀文獻，以深化學習效果，並鼓勵同學自我反思與實踐。	
13	2022 Fall	清華大學 通識中心
課程名稱及介紹	**全球能源短缺衝擊** 工業革命以來的這百多年，人類耗能大增，每 33 年翻一倍；擁有能源極大蘊藏量的國家，都是懷璧其罪的兵家必爭之地；耗能的八成是釋放巨量二氧化碳的含碳能源，同學們有生之年，應可親身體驗原油與天然氣枯竭、全球暖化與極端氣候的困局。	

14	2022 Fall	清華大學 通識中心
課程名稱及介紹	**環境治理與管理** 環境和氣候變化問題已成為 21 世紀地球和人類面臨的最嚴峻挑戰之一。本課程將介紹環境研究作為一個跨學科的學習領域。我們將一起調查地方、國家和國際層面的環境治理和管理的廣泛議題、概念、理論和實踐。在整個學期中，將有兩個主要目標指導，其一為了解人類生活和生態過程如何相互作用，產生我們今天所居住的自然世界。另外則是培養批判性和有產出的思考方式，以構思我們未來想要居住的環境。到學期結束時，學生應能夠清晰、連貫地從不同角度闡述環境問題，並且有系統和邏輯地分析環境和氣候變化問題，以理解各種社會、經濟和政治因素如何影響環境決策的制定和實施。	
15	2021 Spring	清華大學 通識中心
課程名稱及介紹	**全球暖化與環境衝擊** 「聯合國氣候變化綱要公約」（UNFCCC）的預測與現存的暖化現象有：(1)下兩場環境衝擊的全球千年大戰：不可逆的全球暖化與能源短缺，序戰早已開打；(2)當地球變成火球後，全球半數人口變成環境難民，四處遊竄；(3)二氧化碳排放率，別叫我臺灣榜首；(4)國寶魚熱到絕種，大臺北沉入海底；(5)提高能源使用效率加上節約能源，是否可讓地球且倖免於難？面對嚴峻的暖化挑戰，只有常識與知識充足的青年朋友，將來才能肆應激烈的變局；想要充實暖化與能源方面的常識與知識，請選修本學期的「全球暖化與環境衝擊」（Global Warming and Environmental Impact）。	

16	2022	陽明交通大學 人社院
課程名稱及介紹	**創意城市與永續生態 Creative City and Sustainable Ecology** 面對當代自然環境及社會環境的快速變遷，人類賴以生存的都市空間正面臨具大的挑戰。在尋求創意及永續的發展過程中，必須先理解城當代市發展以及社會環境變化，而後透過創新的方法進行分析甚至進行設計規劃。永續發展不只是一個指標或議題，更是當代急迫需要解決的問題，自然生態及人類文明的發展不應該是對抗或相互矛盾的選擇，如何透過創意建立共存、共生、共榮的可能性，成為課程最重要的目標。 本課程共分為七大主題，包含城市意象、創意城市、智慧城市、藝術城市、城市創生、循環城市、永續生態。循序漸進從城市的觀察方法進入當代城市的設計方法，從科技發展到社會應用層面，最終形塑自然生態及人類文明共同永續發展的樣貌。	
17	2022	陽明交通大學 博雅書苑
課程名稱及介紹	**環境、經濟與社會 Environment, Economy and Society** 本課程旨在讓學生了解環境、經濟與社會三者之間的關係。這門課程會探討環境問題是如何體現經濟問題的，以及經濟體制如何對環境造成影響。同時，我們會關注社會如何認識環境問題，以及環境問題如何被視為公眾議題。本課程的目標是讓學生了解環境、經濟與社會之間的動態演變，以及環境問題與經濟、社會制度密不可分的聯繫。此外，我們也會探討環境問題如何演變為公眾議題，並且批	

	判性地認識現存的環境問題解決方案。最後，我們也會討論社會為何存在不同的環境認識。透過這門課程的學習，學生將會認識到環境問題的解決往往沒有簡化的答案，需要跨越不同的群體利益而達成一致。	
18	2022	陽明交通大學 博雅書苑
課程名稱及介紹	**永續治理 Governance for Sustenbility** 聯合國架構下，2015 是值得稱頌的一年。3 月通過仙臺框架，9月宣布永續發展 17 項目標，12 月簽署巴黎協定。本課程，依循著永續發展的進程，介紹永續發展目標的具體內涵；從組織管理的視角，探討能源，健康，平等，氣候變遷，綠色消費，韌性城市與永續環境的互動關係；並進一步導引國家（善治）、決策（多元）、公眾（參與）、以及個人對美好生活的想像與實踐。本課程設計從個人生活日常到國家治理建構，Learn, Act, Connect，希望能推動「跨領域」學習，與大學社會責任（University Social Responsibility-USR），校園碳中和，相連接。此外，本課程著重小組討論，小組報告，並以實際案例，深化社會關懷與在地實踐。	
19	2022	陽明交通大學 博雅書苑
課程名稱及介紹	**科技社會與公民參與 Science, Technology and Citizen Participation** 當代社會面臨了新科技發展所伴隨著的有形與無形風險、科學不確定性與未知，既有的思維與治理模式已無法解決現況問題，需要重新理解與定義問題、更多跨領域的實質合作與社會反思學習，並擴大公民實質參與。科技的公民參與已成為科技與社	

	會（STS）領域重要的研究課題。以往專家主導科技以及對公眾的科學理解採取「欠缺模式」（deficit model），排除了公民參與在科技決策與知識生產過程，而受到諸多挑戰。本課程探討公民參與科技的發展與多元的形式，以及公民參與如何影響科學知識生產、形塑公共論述和政策制定過程。公民參與科技展現不同程度的知識建構過程以及自發性動員或由機構推動的形式，課程將探討公民參與科技的多重面貌，包括審議式民主的實作（例如公民會議、參與式預算）、科技社會運動、病患團體的行動、環境正義運動、公民科學等。單元內容同時涵蓋科技爭議個案的討論，以促進學生思考科學與政策和公民之間的關係，同時增進學生對科技社會中相關議題的分析與批判能力。 本課程將增進學生對於當前複雜的科技爭議、全球化與在地化風險有更深入的認識，並提升其思辨能力以及對科技社會的關懷與行動力。透過個案討論、參與式預算模擬住民大會、小組團隊合作的學習過程，讓學生學習聆聽與汲取多元的觀點與意見、反思問題爭議並培養批判性的思維，進一步將這些關懷融入於專業領域與社會實踐中。	
20	2022	成功大學 財金所
課程名稱及介紹	**永續發展與 ESG 投資** 本課程特色在於透過工作坊以及主題演講等方式，討論企業於追求永續發展的過程當中，常會遇到的各樣環境、社會以及公司治理等三大構面相關的問題，包含環保、勞動人權、公司治理的代理人問題、移轉訂價、避稅、產品安全等概念。 本課程特色在於透過工作坊以及主題演講等方式，	

	討論企業於追求永續發展的過程當中，常會遇到的各樣環境（Environment）、社會（Society）以及公司治理（Corporate Governance）等三大構面相關的問題，包含環保、勞動人權、公司治理的代理人問題、移轉訂價、避稅、產品安全等概念。	
21	2022	成功大學 永續學程
課程名稱及介紹	**智慧型新能源管理系統（整合碳管理）** 全球逐漸暖化後，目前常見致災性暴雨、百年乾旱、致命熱浪高溫、森林大火等極端氣候對自然生態環境造成的衝擊，對於減碳議題再度受到各國重視。歐盟於 2022/06/22 日通過對抗氣候變遷的立法，包括將規定2030年前化學農藥用量減少50%、鋼鐵等產業的碳交易補貼將提早結束、碳邊境稅的適用產品範圍將擴大等。根據碳邊境稅（Carbon Border Adjustment Mechanism，CBAM）修正方案，歐盟碳交易系統將擴及海運業，自 2027 年開始，所有進出歐盟和歐盟境內的海運碳排放量將100% 納入碳交易；此外，除了二氧化碳排放，歐洲議會也要求將甲烷等其他溫室氣體也設定價格機制、納入碳交易體系。全球面對淨零、碳中和與負碳排的技術發展已刻不容緩。我國也宣示「2050淨零轉型是全世界的目標，也是臺灣的目標」，臺灣將如同全球多數國家，務實規劃邁向 2050 淨零排放的轉型路徑。本課程將能源管理系統整合產業界碳管理的需求與發展，基於物聯網的能源管理系統讓再生能源、儲能技術能即時蒐集發電數據，搭配即時電力量測技術、物聯網技術、數據分析技術優勢甚至預測再生能源發電量；同時落實未來包括碳揭露（碳盤查與碳足跡計算）、碳減量與碳中和的淨零排放目標。	

22	2022	政治大學 教務處通識教育中心
課程名稱及介紹	**氣候變遷與永續旅遊** 本課程之上課方式為非同步遠距教學，課程主要探討永續旅遊定義與概論、遊客行為與生態旅遊管理基礎內涵，旅遊市場之供給與需求、影響遊客行為之決策因子、探討永續旅遊之行銷管理，各種影響與衝擊、最新的議題分析等。	
23	2021	政治大學 國發所
課程名稱及介紹	**國際永續發展專題** 聯合國在 2015 年發布的可持續發展目標是一個新的嘗試，旨在以管理援助干預的方式解決全球的環境退化、貧困和歧視問題，並促進行星生態的長期健康。另一方面，全球南北的民間社會對這些可持續發展目標做出反應並利用它們來推動自己的政治、經濟或文化議程。本課程介紹了全球福祉和發展體驗中的差距，並探討人文和社會科學如何參與有關人類與超越人類世界之間關係以及應對當前環境和社會挑戰的倡議的辯論。	
24	2021	中央大學 通識中心
課程名稱及介紹	**綠色經濟學** 本課程旨在透過深入淺出的方式介紹全球暖化科學背景和綠色科技的重要性，並建立學生對綠色生產與設計等重要概念的認知，以及了解產品的生命週期分析等概念。課程內容主要包括綠色科技的發展趨勢、國際環保法令的管制趨勢、綠色生產與設計的概念、產品生命週期的分析、綠色材料和綠色建築的應用，以及綠色能源科技和應用等。透過本課	

	程的學習，學生將能夠進一步了解綠色科技的重要性和應用，落實於日常生活的綠色消費和行為，建立對永續環境的重要基礎概念。	
25	2021	中央大學 通識中心
課程名稱及介紹	**綠色生活與科技** 本課程旨在教授學生如何建立綠色生活的認知並深入了解綠色科技的發展趨勢，藉此將環保綠色概念融入日常生活。課程內容包括綠色生活與科技內涵、環境化設計、產品生命週期評估、碳足跡、水足跡、能源利用技術、資源再生技術、生態工程、綠建築以及綠色產業等方面的介紹。透過課程深入淺出的教學方式，學生可以學習到如何在生活中實踐綠色環保，以及如何利用現有的綠色科技發展對地球更友善的產業與生活方式。	
26	2021	中央大學 通識中心
課程名稱及介紹	**人工智慧與永續發展** 透過這一門課，同學將了解人工智慧與聯合國SDGs十七項永續發展目標的關聯，未來的世界將如何結合科技促進社會良性發展，進而從中探索個人能居中扮演的角色。	
27	2022	中興大學 智科碩士學程
課程名稱及介紹	**碳匯評估及減碳策略** 在面臨全球暖化及氣候變遷的衝擊，了解碳排放對環境影響及相關評估，及減少碳排放相關方式與策略，達到永續地球之環境。	

28	2022	中興大學 循環經濟學院
課程名稱及介紹	**循環經濟** 全球的永續性正面臨嚴峻的挑戰。氣候變遷、空氣與水汙染、土壤退化、資源稀缺、生物多樣性流失等對人類社會產生強烈衝擊。這些涉及地球系統不同面向的議題，本質上可歸咎於我們的經濟模式出了問題。我們相信，循環經濟會是解方，也是打造地球韌性的關鍵。 本課程旨在建立學生對循環經濟的基礎知識，以及資源循環與永續、減碳的關聯性。透過工作坊、演講及小組討論，學生將理解「線性經濟與永續議題的連動性」及「循環經濟的精神與概念」。此外，學生也將從多元的產業實踐案例，以及企業經理人的經驗分享，理解「臺灣製造業所面臨的外部衝擊與因應減碳壓力的挑戰」，以及跨界、跨域協力合作的必要性。	
29	2022	中興大學 管理學院
課程名稱及介紹	**永續發展——環境、經濟、管理及健康之展望** 透過將可持續發展目標（SDG）與商業計畫或社會問題聯繫，學生將獲得對SDG的深入了解。學生可以設計自己的研究問題，這個問題最好將一個或多個SDG與某個產業、公司、地區或國家聯繫起來。學生可以選擇現有的企業／公司或自己設計一個公司。該企業可以位於任何國家（歐洲國家、美國、中國、日本、臺灣、東南亞國家，以及非洲或拉丁美洲國家）。學生可以選擇 SDG 6 和 7 的環境問題，並將其與能源部門、汽車工業（綠色技術）、公共交通系統或 SDG（8-11）的經濟增長、體面工	

	作、基礎設施和減少不平等相關聯；將其與幾個國家（日本、德國、中國、臺灣等）的發展政策相關聯，或將SDG與減貧相關聯並與國際組織和國際合作相關聯。本課程包括6個單元。	
30	2022	中山大學 博雅書苑
課程名稱及介紹	**環境科學 ENVIRONMENTAL SCIENCE** 本課程內容包括兩大部份，第一部份旨在介紹人與自然環境之密切關係（如：環境倫理、環境教育），並進而從自然資源保護、生態保育之觀點，討論人與自然環境之依存關係。第二部份則在介紹人類活動對於自然環境所造成之影響（如：水質優養化、海洋環境汙染、全球環境變遷、全球暖化效應、臭氧層破壞、雨水酸化等），進而喚醒學生們的環保良知。	
31	2022	中山大學 博雅書苑
課程名稱及介紹	**環境倫理與環境政策 ENVIRONMENTAL ETHICS AND ENVIRONMENTAL POLICIES** 課程主要分下列主題：中西方的環境思想、動物關懷、倫理消費、環境政策的倫理議題。	
32	2022	中山大學 博雅書苑
課程名稱及介紹	**人類與環境之交互關係 HUMAN-ENVIRONMENT INTERACTIONS** 本課程將提供人類與環境互動的各種方面概述，涵蓋可持續性、氣候變化、生物多樣性、漁業、農業和土地利用等主要相關議題。通常，每個主題都會使用不同的觀點進行探討：科學、社會和經濟，以及許多案例研究。	

33	2022	中山大學 跨院
課程名稱及介紹	**全球環境變遷概論 INTRODUCTION TO GLOBAL ENVIRONMENTAL CHANGE** 全球環境正受到人類活動（例如全球暖化）的極大影響，不僅對生態系統、人類健康、經濟增長、政治決策，以及自然資源的可持續利用產生負面影響。反映國際意識的崛起，本課程旨在向學生介紹全球環境變化及其後果的概念。課程將涵蓋全球暖化、酸雨、海平面上升、海洋酸化、優養化、沿岸缺氧、脫氧化以及海洋塑料汙染等議題。	
34	2022 Fall	中正大學 通識教育中心
課程名稱及介紹	**永續綠生活** 本課程與向度內其他環境永續、生態、綠建築等課程之不同，在於使學生學習自身即可做得到的綠化與環境永續方法，播下永續綠化的種子，鼓勵學生能走出戶外體驗綠色環境的生活，建立健康樂觀的身心靈，並能為我們的環境永續盡一份心力。教學範圍可分為三大部分：第一部分介紹生活周遭的綠色植物環境與人類生活的關係，以及自然森林的綠色吸引力。第二部分介紹親近人們的都市生態環境與都市生活，導入綠化技術與都市森林、園藝美學與療癒，以及對環境友善的低碳飲食與綠色產品消費觀念，闡述良好環境與身心健康的關係。第三部份則以永續綠色環境為主題，介紹如何讓綠色資源再生、農業環境生態永續，並鼓勵學生能走出戶外，體驗綠色森林環境的生活，為生物多樣性盡一份心力，使我們的環境能永久保存給後代子孫。	

35	2022 Fall	中正大學 通識教育中心
課程名稱及介紹	**永續發展** 本課程主要分為兩大部分。第一部分以問題為導向，探討與永續發展相關的議題，強調人類應謙虛、謹慎地使用和管理自然資源，以及尊重自然的智慧，避免對環境造成傷害。同時，本部分也會探討如何在永續發展的前提下，推動綠色建築等環境友善的經濟發展方式，以達到經濟、社會和環境三方面的均衡發展。第二部分則以行動為導向，教授符合永續發展的「綠色產業」經營方式，讓學生了解如何在環境科技面創新的同時，將「人類生產及生活方式要不超過環境涵容能力」的原則融入到產業經營當中，從而達到經濟、社會和環境三方面的可持續發展。本課程也將強調公平正義、民眾參與、社區發展及人口健康等議題，以達成「永續社會」的理念。	
36	2022 Fall	中正大學 通識教育中心
課程名稱及介紹	**永續綠能新契機** 「綠能」也就是所謂的綠色能源，泛指利用大自然的非消耗能源去發展成另一種能源。狹義的綠色能源是指對環境友善的「再生能源」，如太陽能、風能、地熱能、水力能、生質能、海洋能及氫能。廣義來說，綠色能源更包括在能源的生產、消費的過程中選用對環境生態較低汙染的能源，如水、天然氣、淨煤及核能等。我國為因應地球暖化也提出了永續能源政策，2008 年 6 月行政院提出「永續能源政策綱領」：政策目標為「能源、環保與經濟」三贏，政策原則「三高二低」，政策綱領「淨源節	

	流」及後續推動計畫。 以「立足臺灣，放遠國際」的新思維，兼顧國際發展需求及國內社經條件，最為永續能源發展策略之基調，並以永續、安全、效率及潔淨為核心目標，達成兼顧能源安全、經濟競爭力及環境維護的永續能源政策目標。	
37	2022 Fall	國中正大學 通識教育中心
課程名稱及介紹	**氣候變遷下維生基礎調適** 近年來國際相關報告一一陳述且幾乎可以確定的是氣候變遷已經發生，且未來衝擊會愈來愈大，愈晚進行調適行動者，屆時付出的成本就會愈高。臺灣會是衝擊影響劇烈的氣候災變國家，臺灣雖為美麗之島，然而由於本身的地理環境特殊，氣候變遷脆弱度與災害風險遠高於其他地區如（98 年 8 月 8 日莫拉克颱風及 106 年 9 月 13 日莫蘭蒂颱風）肆虐，未來氣候變遷帶來的最大衝擊與挑戰將會是常態性的災害，包括風災、水災、土石流、旱災等，引發巨大化，很可能形成摧毀性的巨災，造成更嚴重的「維生基礎設施」損害。若無法採取積極作為，在最短的時間內，克服巨災造成的破壞，將使得災期延長，巨災將轉變為複合性的災害，嚴重破壞原有的自然生態、人文社會結構，造成無可彌補的傷害。因此，我們必須嚴肅審視未來的衝擊與挑戰進行減災與調適的教育與訓練。	
38	2022 Fall	中正大學 通識教育中心
課程名稱及介紹	**循環科技（二）** 教學目標及範圍本門課程是延續本校循環科技（一）課程，但有其獨立性，學生並無先修條件。	

	通識循環科技的目標是將經濟模式，從【線性轉型環狀】的概念，讓所有產品在源頭製造的時候就已經考慮其使用終點，並透過回收利用再次回到工業製程中利用，也就是所謂的「從搖籃到搖籃」。為達到循環經濟的目標所需之相關科學技術稱為循環科技。本課程除科技面外，也將從政策、生活、與環境等面向切入，並邀請相關學者專家及政府官員前來講授相關議題。

4.國內工程不分系

編號	年份	開課大學及系所
1	2021	臺灣大學 建築設計學分學程
課程名稱及介紹	**建築物理與永續設計** 透過對建築物理的掌握，我們能降低建物溫室氣體的排放，並增加建物的能源效率、健康及經濟效益。本課將授予學生與建物相關的基本熱傳、氣流及日照知識，並介紹數值模擬方法及工具，最後點到建築相關的環境問題及各項舒適度指標及節能設計的方法。	
2	2021	臺灣大學 建築設計學分學程
課程名稱及介紹	**永續綠建築** 永續環境的議題隨著全球氣候變遷與京都議定書的制訂而發酵，據統計建築相關產業與建築能源消耗約佔全國總二氧化碳排放之三成。 「綠建築」在與人們生活息息相關的人造環境領域裡已成為近代建築研究之顯學，亦為目前國家營建政策與法令的一環。	

	本課程為綠建築領域之入門，內容涵蓋人居環境之生態、節能、健康與減少廢棄物四大面向之議題，佐以探討國內外知名綠建築案例作，說明綠建築因地制宜的設計手法，藉由案例間之比較分析，加深學生對於綠建築技術應用的各個層面，是從事綠建築相關研究與技術開發應用之必要知識基礎。 現代人類一日之生活與工作平均約九成之時間都處於室內，在今日各產業綠色議題當道之下，本課程以永續建築之全球趨勢，輔以符合臺灣熱濕氣候下之本土觀點探究建築之綠色契機、作法與應用。期使同學對建築環保有一概括之認識。	
3	2022	臺灣大學　土木所營管組
課程名稱及介紹	**永續營建與生態工程** 本課程介紹永續營建與生態工程的相關知識與技術。首先，透過永續營建之定義、原理與內涵，學生將深入了解永續發展、綠色工程指標、低衝擊開發等相關概念。接著，學生將學習生態工程之定義、原理與內涵，了解生態與環境景觀之關係，以及土木工程與環境生態景觀之融合。在應用方面，學生將學習如何避免生態破壞之道路定線，以及運用生態工法（如橋梁、隧道、透水及排水鋪面、地工合成材料加勁鋪面、草溝、動物通道、穿透性護欄等）於公路建設之中。同時，本課程也將介紹符合生態景觀之邊坡工程案例，以及海綿城市、綠色城市、綠建築與生態社區相關案例，讓學生可以了解各國綠色城市及綠建築的最新發展。在學期報告部分，學生將進行工程案例分析與報告，以及透過現地參觀了解相關實	

	際應用情形，深化學生對永續營建與生態工程的了解與實務應用能力。	
4	2022	臺灣大學 氣候永續學位
課程名稱及介紹	**永續治理與影響力** ESG 永續治理為達成 2030 年永續發展目標之重要手段，本課程協助學生了解永續治理的基本概念；並透過系統性的課程設計，讓學生了解永續治理中核心議題、組織架構、揭露與評比等等單元間彼此之關係；最後並針對重要主題，協助學生發展永續治理的核心知識與技能，能在未來進行學術研究或實務應用上，都能有足夠科學知識基礎。 本課程藉由深入了解 ESG 永續治理的重要元素與專業知識，及其邏輯關係。並了解邏輯關係與其真正意涵，檢覈公司治理的架構、治理行動與管理系統的缺口，為永續治理轉型做準備。	
5	2022	臺灣大學 土木所交通組
課程名稱及介紹	**綠色交通與永續發展** 本課程的目標是介紹可持續城市發展概念下的綠色交通相關知識。課程內容分為六個部分，包括可持續性政策、以交通為導向的城市發展、公共交通系統、主動式交通、需求管理、以及新技術應用。	
6	2022	臺灣大學 生態演化所
課程名稱及介紹	**永續未來與生態學一** 此課程乃為期一年的系列課程： 第一學期將以介紹何謂「未來地球 Future Earth」	

	與「永續 Sustainability」開始，建立學生未來地球、永續未來的整體概念及相關科學議題的現況與發展；接著介紹各類生物在地球上的起源、演化歷史、相關生態學概念與科研課題、保育現況和未來展望、氣候變遷衝擊的課程內容，以建立學生對各類生物與相關生態學的基礎概念。隨後，導入人文社會、經濟、環境、健康、災害、水資源規劃等面向的內容，及早帶領學生發展跨領域思考，此外，藉由任課教師邀請校內外專家學者面對面分享，說明其實際的執行方法、保育與推廣工作經驗及案例分享等。	
7	2022	臺灣大學 分子科技學程
課程名稱及介紹	**永續化學科技導論——國際學程** 課程藉由議題探討來引導同學了解化學科技中的永續議題與重要性，並藉由討論的過程來進一步分析永續化學的意涵以及應具備的要素。 本課程以英文授課。	
8	2022	臺灣大學 永續化學科技
課程名稱及介紹	**永續化學科技導論 I** 課程藉由議題探討來引導同學了解化學科技中的永續議題與重要性，並藉由討論的過程來進一步分析永續化學的意涵以及應具備的要素。	
9	2022	臺灣大學 氣候永續學位
課程名稱及介紹	**前瞻議題 I & II：氣候服務與環境永續** 鑒於氣候變遷和可持續發展的挑戰，「氣候服務」成為一個前瞻性的階段性主題。此課程旨在培養學生在地球科學、生命科學和社會科學等方	

	面的基礎能力。透過此一學分的短期課程，學生將探索氣候服務的概念，進行相關主題的實際數據分析，然後進行分組報告。	
10	2022	臺灣大學 氣候永續學位
課程名稱及介紹	**聯合國永續目標與校園實作** 本學期課程旨在探討氣候變遷與可持續發展相關主題，並分為兩個階段，讓學生透過專案實作及討論，深入了解永續發展議題及解決方案。首先，第一階段為基礎建構，透過回顧過去重要文獻、文章，以及臺大在相關議題上相關報告書之內容，建構進入實作前所需要的知識。此階段部分週次的討論將由學生分成三個小組帶領，並從指定文獻出發，整理出該主題目前的脈絡及應用面。其次，第二階段為專案實作，學生將與現行各校園永續專案合作，進行專案實作。本學期合作的專案包括臺大減碳路徑分析、館舍用電分析及舒適度分析。在專案執行過程中，學生需在導師指導下，每周針對問題界定、文獻回顧及分析方法、資料分析成果討論進行成果報告；並在學期末針對專案成果進行整理及報告。最終，報告分數將由老師及導師評分。本課程期望透過實作及討論，讓學生了解永續發展的實踐面向，並培養解決問題的能力。	
11	2022	臺灣大學 氣候永續學位
課程名稱及介紹	**聯合國永續議程 UNSDGs 與國際發展實習** 本課程為氣候永續學程相關實習，修課前請先與授課老師確認才可選課。	

12	2021	臺灣大學 環工所
課程名稱及介紹	**企業永續實務** 永續發展為企業的轉型及定位，開創了新的思維方向，讓企業從解決社會問題貢獻永續的同時，創造獲利。 企業永續強調組織如何回應利害相關人在經濟、環境、社會等多重面向的需求而發展的策略與實務，需運用許多學門的綜合性知識與技巧，如商管、經濟、財務、心理、政治、公關、組織變革以及環境管理等。 為建立批判思考與實踐企業永續的能力，本課程必須是跨領域的整合性課程，結合環工所教師與業界教師一同授課，兼採個案式教學，深入討論實際個案，培養多元的思維角度與實務內涵。	
13	2021	臺灣大學 氣候永續學位
課程名稱及介紹	**永續轉型理論與應用** 永續轉型（sustainability transition）為國際上永續科學領域中日益受到重視的新興學門，其重要理論亦已廣泛應用於能源、氣候、生物多樣性與循環經濟等領域。 本課程旨在系統性介紹永續轉型此新興研究方法之理論，包括多層次視角、轉型管理、科技創新系統等，並藉由實際應用案例的個案研究，以及轉型工作坊的實作設計，俾使修課學生掌握此新興學門。	

14	2021	臺灣大學 氣候永續學位
課程名稱及介紹	**永續性的文化研究方法** 人類的行為是導致環境問題的重要因素，包括氣候變化的原因。如果人類行為不改變，將會引發環境災難。然而，人類尚未成功地改變其可持續性的行為。為什麼呢？這是本課程要探討的關鍵問題。 該課程提出了一個潛在的答案，即主流文化阻礙了改變行為。本課程首先探討現有主流方法的基本概念。接著，本課程提出一種替代方法，稱之為「文化方法」。文化方法旨在為更大的可持續性重寫我們的文化腳本。您最終將學習從不同的角度看待可持續性問題和自己的研究主題。	
15	資料中未標示	清華大學 化工系
課程名稱及介紹	**全球氣候變遷** 氣候變遷，包括地球暖化、極端氣候、海平面上昇等，乃是當前人類所面臨的最大困境之一。很多人都認為，如果我們無法解決這個問題，勢將遭遇另一次的生命大滅絕。由於氣候變遷的原因極為複雜，牽涉到地球整個生態環境以及人類整體生活方式的改變，任何嘗試解決這一問題的方案，很明顯必須藉由跨學科的合作，才可望稍有成就。因此這門課中我們籌組了一個跨學科教學小組，有具化學工程、機械工程、能源管理、法學及經濟學專業背景的老師，共同研發教案，嘗試對氣候變遷提供一個整合性的理解架構，進而激發學生回應此一問題的能力。這門課會著重在	

	基本問題和基本概念的陳述，不會涉及太深的技術層次。每一次上課，希望能夠透過不同學科背景的討論與對話，釐清並深化我們對問題的理解。	
16	2022 Fall	清華大學 工科系
課程名稱及介紹	**能源與環境概論** 本課程為能源使用與環境關聯課程的基礎課程，主要課程則認為提供學員對能源使用的認知與社會責任的理解，在課程中並安排團隊合作的環境觀察與分析內容，藉由此提升學員對生活環境中的觀察力與理解能源使用對環境的汙染。	
17	2022 Fall	清華大學 分環所
課程名稱及介紹	**環境科學與工程** 本課程的目標在於介紹工程和科學必要原則的應用，以量化處理環境問題。課程將涵蓋水供應、廢水處理、空氣汙染控制和固體及危險廢物管理等基本和傳統的材料。此外，本課程也會介紹當今主要的環境問題。	
18	2022	陽明交通大學 電機學院
課程名稱及介紹	**工程與專業倫理 Engineering and Professional Ethics** 工程倫理是一種應用工程技術的道德原則系統，著重於建置工程人員對專業、同儕、上司、客戶、社會甚至於政府、環境等所應負擔之責任感。工程倫理起源於 20 世紀初幾個重大的工程災難，包括鐵路災難、橋樑災難等。這些災難讓工程人員與整個行業重新審視技術與工程之間的缺	

	點，思考可能存在的道德或倫理瑕疵。 使學生從自己出發，了解與個人（己）、與同儕（人）、與團隊（環）相關的倫理規範，包括工程、研究、學術等領域常見的倫理議題。本課程也將透過以上課為主，有系統地全面認識工程倫理與其基礎，配合四場專業倫理演講，並由課堂上設計的倫理案例探討，訓練個人的聽、說、讀、寫，以及思辨等能力。	
19	2022	成功大學 建築所
課程名稱及介紹	**建築碳足跡評估** 本課程是在講述建築生命週期碳足跡的評估法。藉由標準化、透明化的建築資訊，一步步剖析建築生命週期各階段對環境的影響。本課程得評估整棟建築生命週期的碳足跡、甚進一步提出減碳熱點，了解建築物的節碳潛力所在。	
20	2022	成功大學 工科所
課程名稱及介紹	**淨零碳排** 因應歐盟 CBAM 的碳稅及我國 2050 淨零碳排的目標，故本課程闡明溫室氣體減量技術、各國碳稅的法規、碳盤查與查證方法、碳捕捉利用封存與負碳技術，培養企業所需的碳中和人才，俾便企業永續經營。1.了解淨零碳排的因果；2.了解企業永續需採取的行動；3.了解碳捕捉、利用、封存與負碳技術。	
21	2022	成功大學 材料所
課程名稱及介紹	**永續綠色材料導論** 永續發展是目前全球公認的一項非常重要的任	

	務，其中包括了綠色或環保的製造實踐。本課程重點介紹生產可再生和可持續材料的基本過程，以及這些材料的潛在應用。	
22	2022	成功大學 化工所
課程名稱及介紹	**電化學原理與綠色能源應用** 本課程旨在介紹電化學分析的基礎原理及相關技術應用。課程內容分為五大部分：首先介紹電化學基礎原理與熱力學；接著探討電化學反應動力學與物質傳遞；進而詳細說明常見的電化學分析技術，包括定電位法、循環伏安法、定電流法與旋轉電極系統的原理；接著探討電化學分析技術在綠色應用中的角色，包含電解、電分析以及相關可再生能源技術的介紹；最後則介紹模擬電化學反應用於預測電化學分析實驗結果的相關知識。透過本課程的學習，您將能夠掌握電化學分析的基本原理，以及了解其在綠色應用中的應用與價值。	
23	2021	中央大學 土木工程學系
課程名稱及介紹	**永續／綠色土木工程** 這門課程是關於永續／綠色土木工程的介紹。首先，課程將會涵蓋永續發展、綠色土木、生態工程、氣候變遷、CO2 排放、循環經濟、低衝擊開發、綠建築、綠材料等相關議題的定義、背景和相關性。接著，課程會深入探討永續／綠色土木工程的原理和內涵，其中包括評估指標、土木工程與環境生態景觀之融合，以及全球暖化對工程建設造成的破壞。 課程還將介紹公路工程、邊坡工程及擋土結構、	

<table>
<tr><td></td><td colspan="2">海綿城市、水利、水保工程、綠色城市、生態社區和綠建築等方面的應用。其中，將介紹公路建設之生態工法，如橋梁、隧道、透水及排水鋪面、地工合成材料加勁鋪面、草溝、動物通道、穿透性護欄等，以及綠色道路案例。此外，還會介紹符合生態景觀之邊坡工程案例，如暨南大學921 地震後邊坡整治、臺北市雞南山邊危險聚落整治、湖北廣水邊坡防治及復育等。同時，課程還會介紹海綿城市之類型、滯洪與生態池、透水鋪面、雨水積磚、水庫淤泥處理、地工砂腸袋在河海之應用、綠色水保工程等案例。此外，課程還會介紹各國綠色城市、綠建築及生態社區的案例。</td></tr>
<tr><td>24</td><td>2021</td><td>中央大學 化材工程</td></tr>
<tr><td>課程名稱及介紹</td><td colspan="2">化材產業永續發展概論
這門課程的目的是讓化材學生對臺灣化材產業的發展有更深入的認識，並且培養未來接軌化材產業的人才需求。課程將傳授綠色化學 12 原則系列影片，透過教育部綠色化學教育網（http://chem.moe.edu.tw/green/News），結合學校所學的有機化學與化材知識等基礎課程，培養學生對臺灣化材產永續發展所需的創新人才。此外，課程還將安排化材產業參訪，並邀請專家演講，期望學生能夠了解化材產業的實際運作，並且在就業和職涯發展上得到更多的幫助。</td></tr>
<tr><td>25</td><td>2022</td><td>中興大學 半導體碩學程</td></tr>
<tr><td>課程名稱及介紹</td><td colspan="2">環境奈米材料及綠色技術
介紹環境中奈米催化材料及綠色能源技術、金屬</td></tr>
</table>

	／非金屬無機材料於吸附及異相催化應用、平衡反應及動力學計算分析、工程案例探討。	
26	2022	中興大學 半導體碩學程
課程名稱及介紹	**高等綠色工程** 本課程由指導教授媒合學生與綠色科技企業進行短期實習，實習內容由指導教授與實習之企業共同決定，以建立學生相關產業知識與實務經驗。本課程可採暑期進行 2 個月，或學期中累計 250 小時。 課程目標為奠定綠色科技相關課程之重要實務技術，並且進行實習相關文獻著作之探討、閱讀。進行相關實作，增進自身產業專業能力，熟悉企業發展目標與工作倫理。	
27	2022	中山大學 人文暨科技跨領域學士學位學程
課程名稱及介紹	**永續工程與管理 SUSTAINABLE ENGINEERING AND MANAGEMENT** 改善工業化帶來的地球環境衝擊已成為人類對抗氣候變遷達到永續發展的重要戰略。為使學生理解產品在生命週期過程中對環境所造成的衝擊而開設本課程。課程內容主要教授「生命週期評估」、「清潔生產」和「工程管理」的概念、方法與工具。具體的操作將搭配案例解說和遊戲學習來進行。透過課程主題的解說與討論能讓學生具備永續設計、製造和管理的知識；遊戲學習則是透過模擬環境讓學生利用遊樂與競爭的手法達到驗證上課所學的專業知識是否能夠融會貫通。	

28	2022	中山大學 電機電力工程國際碩士學位學程
課程名稱及介紹	**電力與再生能源應用 APPLICATIONS OF ELECTRIC POWER AND RENEWABLE ENERGY** 本課程旨在介紹與電力和再生能源相關的主題。除了基本概況外，我們著重於應用，以幫助學生了解該領域的現狀。	
29	2022 Fall	中正大學 地環系
課程名稱及介紹	**全球環境變遷** 本課程旨在探討驅動並影響地球氣候系統短期及長期變化的動力機制，包含討論大氣圈與水圈、岩石圈及生物圈的交互作用。此外，課程中也會介紹氣候與海洋系統短週期的震盪反應對環境的影響，及人類活動對氣候及環境的衝擊效應，以及目前新的研究成果與發現。	
30	2022 Fall	中正大學 電機系
課程名稱及介紹	**綠色能源專題（一）** 本課程的目標在於讓學生熟悉電力品質訊號處理、電力工程軟體應用、風力發電系統和風力渦輪機技術、太陽能光電系統和相關技術，以及智慧電網與相應的控制技術。透過本課程的學習，學生將更深入地了解這些領域的現狀和最新發展，為未來從事相關工作打下堅實的基礎。	
31	2022 Fall	中正大學 電機系
課程名稱及介紹	**綠色能源專題（二）** 配合學校發展綠色大學目標，講述綠色能源相關	

	議題，讓學生了解目前綠色能源的使用、發展、管理等層面，課程包含各式綠色能源發電系統、控制系統、電能處理、儲能系統、綠色能源應用等。學生可透過模擬軟體進行綠色能源供電系統動態分析，也可藉由硬體實作體會電能處理及控制系統在綠色能源中扮演的角色。精緻電能應用研究中心成員將介紹綠色能源如太陽能發電應用範例，讓修課同學能從實際應用層面，體會綠色能源所帶來之好處，並進一步引發未來研究相關主題之興趣。本專題延續專題（一）的內容，目標在使學生了解目前綠色能源的使用、發展、管理等層面，並從實際應用層面，體會綠色能源所帶來之好處。	
32	2022 Fall	中正大學 通識教育中心
課程名稱及介紹	**綠色建築概論** 本課程授課主要目標在使學生了解「綠色建築」與「能源、生態、減廢、健康」等綠色指標之關聯性，並使學生樂於擁有「綠色建築」，進而協助開發「綠色建築」相關技術，共同為「愛護」及「永續經營」地球作最有效且最直接地貢獻。授課範圍則包括：建築相關產業對環境的破壞及耗能的情況；綠色建築的發展史；綠色建築的風土美學；建築的通風文化；生物多樣性環境設計；建築水循環設計；建築物外殼節能設計；建築二氧化碳減量設計；綠色營建；綠色建築的隱憂等。	

5.國內顯示科技領域

編號	年份	開課大學及系所
1	2021	臺灣大學 電機工程學研究所
課程名稱及介紹	**平面顯示技術通論** 該課程是一門介紹現代顯示技術的課程，包括了多種平面顯示技術，從傳統的 TFT-LCD，到新興的 OLED、PDP、ELD、VFD、DLP 和 E-INK 等。課程將從簡單的介紹開始，講解這些技術的基本概念，然後深入探討它們的工作原理、優點和缺點，並提供實際的應用案例。課程還將介紹各種顯示器的尺寸、亮度、解析度等技術參數，並探討它們對能耗的影響。最後，課程還將介紹其他新興技術，如投影技術和其他平面顯示器，以及它們的優點和限制。這門課程適合對現代顯示技術感興趣的學生和專業人士，包括科技產業、媒體和廣告等領域。	
2	2022	成功大學 半導體學院課程
課程名稱及介紹	**永續能源導論** 本課程旨在培養具備溝通與管理能力的永續創新製程產業科技人才。透過研究與實作，學生可以深入了解產業現況、跨領域整合思維與多元國際觀。課程將結合理論與實務，學習解決永續發展、智慧製造相關的工程議題。透過這些學習，學生可以培養出創新思維、協調能力、以及全球化的視野，並為未來的產業發展做出貢獻。	

3	2022	中山大學 博雅向度
課程名稱及介紹	**光電生活與能源永續 OPTOELECTRONIC DAILY LIFE AND ENERGY SUSTAINABILITY** 以淺顯易懂的授課方式與實驗展演讓學生認識基礎的光電原理及光電綠能產業，進而了解近代光電科技的發展對現代生活方式的影響，並能充分理解生活中的各種光電現象、光電應用產品及光電相關的能源永續議題，期盼能因此激發出跨領域的新穎思維及能源永續的概念，並利用上課素材自製光電科普於社群媒體分享，以加深學習成效。	

三、關鍵字蒐集

本書分析國內外與顯示科技相關之重要關鍵字共 30 個，分別有包含通識類 13 個、工程類 12 個及顯示科技類 5 個。從不同層次中，從其中理出國內外相關領域間之重點發展方向，並了解符合該領域之熱門概念為何。

1.通識類

1) 循環經濟：強調資源再利用、減少廢棄物等原則，透過產品設計、物流優化等方式，讓產出的副產品或損壞的商品，成為新生產週期的原料或素材，除環保外，也能降低生產成本，幫助企業與資源共生，進而達到永續經營的目的。

2) 節能：為達到充分發揮能源利用率的目的，採取技術、經濟上可行的措施，以較少的資源，創造出更多社會所需的產品和價值，具體做法可藉由減少產品的能源消耗或提高能源使用效率，從而減輕對環境的損害。
3) ESG：因全球氣候變遷等議題浮現，使企業除了追求營收成長外，逐漸開始重視環境保護，以達到永續經營。ESG分別從環境保護、社會責任以及公司治理的角度，評估企業的永續發展指標，近年企業ESG表現更成為投資人檢視公司長期經營的重要投資指標。
4) 氣候：人類自工業革命以來大量地燃燒化石燃料，且大幅開墾林地、拓展農業及工業發展，致使大氣中溫室氣體濃度上升，引起全球暖化、生態系統失衡，衝擊對環境較為敏感的生態，引起大規模物種滅絕，以及糧食危機等問題。
5) 能源管理：對能源的生產、分配、轉換的過程進行計畫、組織、控制和監督等工作，透過對生產、建築設備用能管理調度，減少能源浪費，達到能源最佳化利用，具體可透過制訂節能政策、加強設備管理、對能源有效利用程度進行技術分析等來實現。
6) 碳管理：政府與企業組織為實現 2050 年碳中和的目標，持續控制和減少溫室氣體排放的過程，就整體碳管理策略而言，應與企業內部營運結合，運用內部碳定價設計，將碳管理及碳成本觀念納入企業治理及日常決策考量中，使減碳觀念於日常營運中逐步落實。

7) 碳權：碳交易的市場中，買賣雙方所被允許的碳排放量，計量單位為每噸二氧化碳當量，政府依據所設定的排放總量與減碳目標，以總量管制為基礎，每年核發排放配額給予市場參與者，企業可以此碳權為標的，從事碳交易。

8) 碳交易：建立將碳權視為商品，可透過碳交易平臺進行買賣的市場機制，政府會為排放總量訂定上限，並根據不同產業別，配發給相對應的碳排放額度，在碳交易市場中，允許排放量低的行業將其額外的配額出售給超額排放的業者。

9) 綠色消費：消費時優先選擇對環境影響較低、可回收、省資源的綠色產品，降低塑料與有害物質的使用，來減少環境汙染，政府為引導消費者轉變消費觀念，藉由環保標章與碳足跡標籤，鼓勵產品從原料生產製造、運送、銷售到回收，都以減少碳排放為目標。

10) 碳中和：「碳中和」關注碳排的活動者，例如： 企業組織、政府機關，是否能夠在一定的時間段內，透過種樹或是利用再生能源等方式，替代高碳排的活動，並累積過程中所減少之碳量，將其與碳排量相互抵消，使得減碳量與排碳量達到中和。

11) 負碳排：隨著全球暖化更加嚴重和環保意識的抬頭，除了提出「淨零排放」以及「碳中和」等概念，希望不加劇全球暖化外，人們更是希望能夠改善暖化問題；進而提出「負碳排」，希望碳排的活動者，能夠透過技術，再捕捉或是利用已排碳，使一定期間內之「碳清除量」大於「碳排放量」。

12) 永續發展：「永續發展」最被廣泛運用的定義是源於 1987 年由「世界環境與發展委員會」（WCED）所提出之《我們共同的未來》（Our Common Future）該報告書，其定義為「既能滿足現代所需，但又不危害後代子孫之利益的一種發展模式」，希望能透過公平的、可行的、可承受的發展方式，在社會、經濟、環境三者間達成平衡，使得世界能夠持續的發展。

13) SDGs：為了使地球能夠永續發展，聯合國於 2015 年宣布了 17 項永續發展目標（Sustainable Development Goals），其簡稱為 SDGs，希望能夠透過世界各國的努力，在 2030 年前達成；其目標廣涵社會、經濟、環境等面向，包含弭平貧富差距、促進性別與社會平等、減緩地球暖化等議題。

2.工程類

1) 綠色材料：綠色材料於 1988 年第一屆國際材料會議上首次提出，國際學術界在 1992 年將綠色材料定義為：在原料採取、產品製造、應用過程、使用後的再生循環利用等環節中，對地球環境負荷最小，對人類身體健康無害的材料稱為綠色材料。綠色材料包括循環材料（生質材料、生質化學品）、淨化材料（過濾、分離、消毒、殺菌、替代氟立昂的制冷劑材料）、再生能源材料（太陽能、風能、水能、潮汐能及廢熱垃圾發電）和綠色建材（生態性、健康性、高性能、再生性）。

2) 生態工程：結合生態學、系統學、工程學和經濟學等基礎學科的原理和方法，利用設計、調控和技術組裝的手段，對原有平衡被打破的生態系進行修復，並且在改革造成環境汙染的傳統生產方式的同時提高其生產能力，以促進人類社會和自然環境的友好共存。

3) 綠色建築：於自然之上建屋築物，多少會對其造成影響抑或傷害；環境友善的建築概念最早在 1950 年代末期，由美國的建築師——Paolo Solerin 所提出，而隨著近年來永續意識的抬頭，此概念演化為如今的「綠色建築」。「綠色建築」也可被稱為「環境共生建築」、「生態建築（Ecological Building）」、或「永續建築（Sustainable Building）」，其皆指在建材選用、建築過程、構造設計上皆以節能減碳為核心、生態平衡為目的，試圖最小化為環境帶來的消耗與傷害，以達永續。

4) 綠電：在追求淨零減碳的社會環境驅使下，有關石油、天然氣和煤炭的使用正在大幅的下降，而針對碳排放所進行的課稅也是未來的趨勢所向。因此，有關於綠色能源（太陽能、風電等）的開發與使用將會是未來的一大重點所在。此外，在使用綠色能源時，由於傳統能源使用的減少，使得電力系統的負載彈性下降，因此有關電力輔助服務及儲能系統的發展，也是將來在使用乾淨能源上，不可或缺的重要存在。

5) 再生原料：隨著工業發展，地球的資源不斷被開採，現今甚至面臨石油危機，因此，許多國家開始投入替代性能源的開發，德國更是提出「再生原料」（Nachawachsende Rohstoffe）的概念，其意旨為可透過加工，使其能做為工業用途之能量來源的植物，故也被稱為「再生能源作物」，或是非食用性的動物性產品，例如動物毛皮等非食用部位。

6) 零碳製程：臺灣 2050 淨零排放的策略中所提出的製程改善，旨在減少產品的製造流程和製造程序中所產生的碳排。製造流程智慧化與自動化是達成減碳的重要手段，包含設備傳動全電化（去除中間的機械傳動機構，提高機臺能源效率）以及智慧化運動控制（透過邊緣計算與聯網功能，讓設備自動偵錯，減少待機時間，讓機器更省電）。

7) 智慧裝置：擁有智慧化功能的裝置，通常透過連網、傳感器和人工智慧等技術實現。這些裝置能夠收集、分析和應用數據，以提供自動化、便捷和智能的功能。其應用可協助提高能源效率、優化資源使用和減少環境影響，從而實現更可持續的發展。

8) 再生能源： 根據國際能源總署（IEA）之定義，「再生能源」為源於大自然中之可轉換為能量之資源，且在轉換過程中，不會對環境造成汙染的資源，同時，「再生能源」可由大自然在短時間內迅速補充，不會枯竭之能源來源；「再生能源」大致可分為 6 類，其為太陽能、水力能、風力能、生質能、地熱能、海洋能（潮汐），目前世界各國正投入資源，透過相關技術，來提高這些「再生能源」的利用率，降低利用成本，以解決石油危機與邁向 2050 淨零碳排之目標。

9) 綠色能源：「綠色能源」又稱為「綠能」，其所涵蓋之概念比「再生能源」更加廣泛，根據美國環境保護署所定義，只要其能源可以成為電力，且該能源為低甚至是零碳排，即可被視為「綠色能源」，除了一般的再生能源外，2022年時，歐盟更是將天然氣與核能皆列入「綠色能源」內。

10) 碳捕捉：隨著工業發展，因溫室氣體排放過多，全球暖化的問題也越發嚴重，因此，科學家們提出「碳捕捉」的概念，開始思考是否能夠透過技術，捕捉排放之大氣中之碳，並將其再次利用，減緩對環境的影響。「碳捕捉」（Carbon capture and storage）簡稱CCS，主要分為蒐集與儲存兩階段，目前的技術為透過石灰（CaO）或氫氧化鉀（KOH）使其與空氣中之二氧化碳化學反應，產生沉澱，並主要應用在燃燒前處理、燃燒後處理、與富氧燃燒三個部分。

11) 智慧電網：由於現今世界正面臨能源耗竭的問題，許多國家在用電上，更是有尖峰負載量過大的情況，雖目前已發展再生能源，但再生能源會受氣候與環境影響，造成發電不穩定等情況，因此，穩定並有效的電力供應系統為之重要，「智慧電網」就此誕生；「智慧電網」為透過通信科技的監控與數據整合分析的電能網路，藉由電力公司與需電者間雙向流通的資訊，來提供最佳的電量配置與解決電力運輸時可能會出現之問題，以提高供電系統的品質、效率與穩定度。

12) 儲能：再生能源雖已發展一段時間，但其仍會因受到氣候與環境影響，而具有不穩定性，因此，「儲能」對於再生能源的發展十分重要；「儲能」意指為將能量蒐集且加以儲存，並在所需之時能夠取出以供使用，同時，「儲能」更能夠幫助緩和電力尖峰負載的問題，雖目前世界各國已著手發展儲能系統，但是目前仍有高成本與安全隱憂待解決。

3.顯示科技類

1) 顯示科技製程：顯示科技製程中，以節能、降耗、減汙為目標，以管理和技術為手段，實施工業生產全過程汙染控制。舉例來說，「新型偏光板保護膜」（HyTAC）因不需要使用二氯甲烷溶劑，相較於傳統 TAC 膜可以減少 2/3 的廢氣回收設備成本。「可重覆書寫電子紙」只需用「熱」即可將儲存或傳輸的影像寫在軟性膽固醇液晶面板上，不耗電又能多次重覆使用。
2) 顯示科技綠能使用：在顯示科技的綠能應用上，由於多數工廠的屋頂皆可裝設太陽能板，因此目前在應用上也多以太陽能光電為主，在設計上有僅工廠區使用的獨立型與可回輸電力給台電的併聯型兩種。除了太陽光電以外，目前產業也多會進行綠電交易，向再生能源發電業者、台電購買綠電使用。此外，亦有部份廠商使用廠區空地來架設大型儲能系統並併連至台電電網，在穩定廠區電力的同時，亦可將多餘能源賣回給台電。

3) 顯示科技節能減碳應用：針對顯示科技的節能減碳應用上，目前主要分為針對產品端以及製程端改良兩種方向。在產品端上，多數企業開始倡導使用綠色材料，並減少產品的包裝來有效降低產品的碳排量。此外，許多的廠商也開始提倡使用電子顯示設備來替代傳統的紙張，並鼓勵消費者回收舊有的顯示設備，並將其再利用來藉此提升產品的再使用性。而在製程端上，顯示科技則著重於改善製程中空壓設備與冰水冷卻系統，包含回收空壓系統中的廢熱並進行再利用，並使用大數據來調校冰水冷卻系統的效率，來降低製程中的碳排量。

4) 顯示科技循環回收：顯示科技雖多方融入人們的生活，並提高其生活體驗感受，顯示科技也以「電子紙」的角色來減少紙張的使用，減少樹木的砍伐，但顯示科技自身卻也有著需跨越的環保問題；因顯示科技中之液晶面板主要由苯環、環己烷、氧、氮和鹵素所構成，原先透過掩埋來處理廢棄面板，但此舉會使面板中之有毒物質對環境造成危害，隨著科技的進步與環保意識的抬頭，許多國家與企業組織也投入到顯示科技的產品本身之環保上，因此，如何將顯示科技予以回收，並循環利用變為之重要，例如：韓國企業 LG 將其面板從 LCD 升級為 OLED，可使其面板回收後，有高達 92%之零件能被重複使用，臺灣工研院甚至研發出一套再處理技術，來提取原先廢棄面板中的液晶，並再利用重製，其皆為「顯示科技之循環回收」的實例。

5) 顯示科技節能技術開發：近年顯示科技應用越加廣泛，然而在開發創新的顯示技術需加入綠能考量，讓新產品在提升效能外更能降低能源損耗。首先是開發技術更重視材料的選擇，以綠色材料為考量，例如：工研院的新型偏光板保護膜採用有機無機奈米混成材料技術，低毒性且環保。另一方面是提升產品的節能，開發低能耗的顯示技術方案，例如：友達針對耗能大的背光模組利用反射式增亮膜技術使耗能減少約 20%。

四、工作職缺蒐集

本書共蒐集節錄自至 2022 年 10 月 4 日止，104 人力銀行開設之職缺，與節能減碳較相關之工作職缺共 243 個，其中包含光電領域人才可從事之節能減碳相關職缺有 64 筆資料，詳細資料如下表所示。

公司名稱	職務	行業別	工作內容	工作技能	其他條件
智晶光電股份有限公司	企業永續發展管理師	光電產業	1.負責 ESG 專案彙整與行政作業。 2.負責收集並彙整國際 ESG 趨勢、產業動態報告。 3.協助 ESG 專案	不拘	1.熟悉組織溫室氣體、產品碳足跡盤查作業。 2.具備永續管理相關證照、相關 ISO 國際證照或協助企業推動永續發展經驗為

			企劃與活動執行。 4.協助執行公司內部溫室氣體盤查／碳盤查作業，完成年度外部查證作業。 5.研究並蒐集國內／外永續準則與法規、趨勢。 6.協助整合與編撰企業社會責任／企業永續報告書。 7.其他主管交辦之專案任務。		佳。 3.主動積極、正向思考、熱衷學習、負責任。
思納捷科技股份有限公司	減碳諮詢顧問	電腦軟體服務業	1.應用資通訊及領域知識，協助顧客建立減碳路徑與藍圖規劃。 2.協助業者導入減碳方案（如：廠務減碳空壓，空調，製程減碳、節能管理方案等） 3.撰寫節能減碳與碳權申請計畫書。 4.其他交辦事項。	不拘	1.實務上節能減碳功能如空壓減碳、空調減碳、鍋爐減碳、設備泵浦減碳經驗。 2.熟悉溫室氣體議題，具有溫室氣體盤查、碳足跡及減碳專案、碳交易經驗者尤佳。 3.具有或工廠經營管理系統概念者尤佳。

					4.具規劃與簡報能力。 5.具備 ISO 國際證照者尤佳，如ISO50001, 14064-1、ISO 14064-2、ISO 14067。
今時科技股份有限公司	零碳工程經理	網際網路相關業	1.各類場域節能減碳系統功能設定。 2.與協力廠商對建置節能減碳系統功能確認。 3.管控專案進度確保各項工作符合計畫。 4.提出改善系統維運作為。	工程分包管理、標單審核作業、工程估驗與計價	未填寫
金屬中心──財團法人金屬工業研究發展中心	111DK032──節能減碳產業推動工程師	其他金屬相關製造業	1.節能減碳產業推動工作。 2.相關計畫工作之協調與彙整。	不拘	1.具有節能減碳或執行政府計畫等相關工作經驗者尤佳。 2.熟悉國際淨零排放趨勢者尤佳。 3.具備產業研究或技術研發相關之學、經歷背景者尤佳。

易境永續設計顧問有限公司	碳盤查與循環經濟專員	建築設計業	1.執行組織碳盤查ISO14064-1。 2.執行產品碳足跡ISO14067。 3.熟悉廢棄物相關法規。 4.執行營建廢棄物循環經濟UL2799專案。 5.協助碳資產部門相關事務與研究。 6.協助循環經濟相關事務與研究。	專案時間／進度控管、專案管理架構及專案說明、提案與簡報技巧、專案管理軟體操作	1.環工及永續、循環經濟相關科系，環工學系為佳。 2.相關工作經驗者佳。 3.英語能力佳者優先。
群光電子股份有限公司	永續碳管理主任／副理	電腦及其週邊設備製造業	1.CDP 碳揭露專案申報及數據分析與管理。 2.SBTi 科學減碳專案執行與推展。 3.TCFD 氣候變遷財務揭露專案執行與推展。 4.各廠區節能減碳及再生能源專案督導與推進達成KPI。	不拘	1.ISO14064-1 溫室氣體盤查管理系統推動與數據分析管理，具備環安衛相關證照尤佳。 2.CDP/GHG 碳盤查／碳管理/SBTi/ESG 相關專案推動。 3.良好的溝通協調能力，能獨立作業及出差海外廠區。

元太科技工業股份有限公司	經管—ESG永續管理師	光電產業	1.永續發展之推動及執行。 2.永續報告書整合及準備。 3.永續相關評比整合及準備。 4.永續相關獎項整合及準備。	不拘	1.具永續管理相關證照尤佳（如永續管理師，SEA/SEP, SCR等）。 2.ESG永續管理（如GRI, SASB, 重大性議題管理，風險管理等）。 3.環境及碳管理（如TCFD, SBTi, ISO 14064-1, ISO 14067, 內部碳定價等）。 4.溝通整合能力（產品永續，永續供應鏈等）。 5.任用職稱與薪資將參照個人學經歷、工作能力與專業特質核敘。
日勝生活科技股份有限公司	【永續發展管理專員（碳盤查相關推動）】／【永續發展專案發	建築工程業	1.專案競標、執行、資料統計分析、報告撰寫、簡報製作與進度控管。 2.熟悉國內外溫室氣體法規制定	不拘	1.熟悉永續發展相關國際規範，並具備企業永續發展相關工作經驗至少1年。 例如：ESG、SASB、TCFD、

	展與管理】		現狀、碳盤查相關標準（ISO 14064-1, 14064-2, 14064-3, 14067）、政策發展，及具備研析能力。 3.溫室氣體盤查執行，並規劃減量計畫與執行。 4.導入執行碳管理、碳盤查相關專案業務。 5.蒐集彙整與熟悉國內外永續發展相關議題資訊，有永續報告書導入、SASB 及 TCFD 執行經驗者更佳。 6.其它主管交辦事項。		SBTi、溫室氣體減量、節能減碳、綠能、水資源等。 2.具氣候變遷、調適、永續發展、溫室氣體盤查經驗者尤佳。 3.具備文書處理、統計分析、簡報製作能力者尤佳。 4.具永續、碳管理相關訓練合格者或 ISO14064-1、ISO14067 之訓練證照或主任稽核員證照佳。稽核員訓練合格資格者尤佳。 5.環境科學或工程相關、自然科學學科類、氣候變遷或永續相關商學管理科類畢業尤佳。
光寶科技股份有限	總部功能單位——ESG-碳資產規劃管	消費性電子產品製	1.低碳策略規劃執行。 2.TCFD 專案執行。	不拘	1.研究所環境科學相關科系。 2.英文精通。 3. 3 年以上相關

公司	理專員	造業	3.永續供應鏈低碳及ESG專案規劃管理。 4.其他主管交辦事項。		工作經驗。 4.電子科技產業經驗佳。
頎邦科技股份有限公司	LA7001-永續發展管理師——新竹區力行廠	半導體製造業	1.協助負責國內外各項永續評比機構之溝通及問卷回覆。 2.協助研究並蒐集國內／外永續準則與法規、趨勢。 3.協助整合與編撰企業永續報告書。 4.協助執行各廠區溫室氣體盤查／碳盤查作業，完成年度外部查證作業。 5.ESG 推動相關事務規劃與執行，ESG 相關專案執行成效追蹤。 6.其他主管交辦事項。	專案溝通／整合管理	1.英文聽說讀寫佳，得檢附多益成績。 2.擅溝通、積極主動且具團隊協作精神。 3.對永續發展／CSR 議題有熱忱。

SGS_臺灣檢驗科技股份有限公司	【擴大徵才】溫室氣體／碳足跡查證員（高雄）	檢測技術服務	1.碳足跡查證作業。 2.溫室氣體查證作業。 3.永續經營相關查驗證產品之協助開發與專案管理開發與專案管理。 ◆後續發展：永續產品查證及管理。	不拘	1.熟悉 GHG/CFP/碳中和相關要項與細節。 2.對 GHG/CFP/碳中和有興趣。 3.具備獨立掌控專案進行之能力。
今時科技股份有限公司	零碳專案經理	網際網路相關業	1.設定專案成本預計效益。 2.收集營運參數，持續追蹤與提高專案效率。 3.組織公司內外資源溝通協調達成設定目標。	預算編製與成本控管、專案成本／品質／風險管理、專案時間／進度控管、專案採購管理、專案規劃執行／範圍管理、專案溝通／整合管理、專案管理架構及專案說明	未填寫
臺聚集團─臺聚管理顧問股	集團企劃部資深專員（循環經濟／碳中和）	化學原料製造業	1.循環經濟專案推動，如相關技術、產業趨勢及用例分析等。 2.碳中和技術暨專案評估，如氫	不拘	有綠能專案規劃／執行經驗者優先考慮。

份有限公司			能、CCUS 等新興技術追蹤。 3.協助再生能源投資開發計畫之評估，如太陽能、風能等項目投資調查及分析。 4.協助其他專案，如各項節能減碳專案推動。		
今時科技股份有限公司	零碳投資經理	網際網路相關業	1.覆核各項財會相關報表。 2.管理分析專案營運結果、預算執行績效。 3.資金調度及銀行往來業務並優化資金成本。 3.財務與稅務異常與改善建議。 4.投資案評估作業。	核閱財務報表、財務及營業分析、財務金融與風險管理、財務規劃與投資管理、財務報表製作、財務策略建議與分析、資金管理、審核年度預算、編制財務報告、擬定各項籌資方案、籌資規劃送件	未填寫
工研院──財團法人工業	工研院材化所──減碳及空汙防制工程師（0S	其他專業／科學及技術	1.高碳當量製程氣體及空汙防制處理材料與系統開發測試。 2.半導體空汙實場採樣及監控。	不拘	1.具 FTIR 氣體分析經驗者尤佳。 2.具減碳或空汙防制系統設計規劃經驗者尤佳。

技術研究院	300）	業	3.研提／執行相關科技研發計畫。		3.需配合出差至廠商（不定期，當天來回）。 4.請檢附相當於TOEIC 650 分之英語測驗成績證明，如無法提供，將安排參加本院英文檢測。 5.具海外學經歷背景優先進用。
工研院──財團法人工業技術研究院	工研院綠能所──能源與淨零碳排政策研究員（G100）	其他專業／科學及技術業	1.能源政策計畫之國際能源政策發展觀測與淨零碳排、能源轉型等政策分析。 2.能源政策擬定之工具與機制開發。 3.能源政策公民參與機制規劃、能源教育機制研析。 4.協助執行計畫相關活動。	不拘	1.碩士（含）以上，能源、環境科學、社會及行為科學等相關系所。 2.工作經驗一年以上佳。 3.具備能源議題基礎知識或政策研究背景尤佳。 3.擅長國內外資料搜尋、能快速吸收新知識。 4.具備清楚之邏輯思考與口語表達能力、獨立研究能力、團隊合作能力。 5.具積極、主

					動、進取之特質。 6.請檢附相當於TOEIC 650 分之英語測驗成績證明，如無法提供，將安排參加本院英文檢測。
貿聯國際股份有限公司	永續發展資深工程師	其他電子零組件相關業	1.推動公司治理、永續發展（ESG）相關業務。 2.配合國際最新法規及金管會規定，制修公司治理相關辦法及規則、蒐集及彙整ESG 及公司治理評鑑資料。 3.編製及彙整股東會中英文件包括開會通知、年報、議事手冊及議事錄。 4.收集並分析國內外永續準則／法規、趨勢及落實導入實務。 5.協助企業 ESG 專案執行、回覆	不拘	1.編製過股東會相關文件、永續報告書，熟悉國內外ESG相關管理規範。 2.執行過等國際ESG 評比專案如S&P CSA, Sustainalytics, FTSE, CDP 等。 3.具協助企業推動 ESG 及永續（能源管理／溫室氣體／碳足跡／水資源）發展。 4.具永續管理相關證照者佳。 5.工作內容涉及中、英文件製作，建議英文能力相當於多益

			國內外ESG評量機構問卷、永續報告書編制。 6.規劃董事會及功能性委員會議程，會議記錄編制，會議決議事項處理追蹤。 7.維護及更新ESG網頁。 8.主管交辦其他事項。		TOEIC 聽讀測驗 750 分或同等以上成績。 6.熟悉 RBA/EICC，IOS 14001。
綠易股份有限公司	產品經理（企業碳管理）	電腦軟體服務業	1.協同團隊打造企業碳管理服務（SaaS/On-Premises）。 2.產業分析、產品市場研究及定位，規劃企業碳管理產品藍圖。 3.分析市場和使用者需求，規劃企業碳管理服務，擬定產品策略與解決方案。 4.撰寫產品需求文件，協調開發團隊及跨部門資源執行，管控產品排程與進度。	專案人力資源管理、專案成本／品質／風險管理、專案時間／進度控管、專案規劃執行／範圍管理、專案溝通／整合管理、專案管理架構及專案說明、提案與簡報技巧、行銷策略擬定、系統架構規劃	1.具備 4 年以上 SaaS/On-Premises 產品管理工作經驗。 2.有雲端 SaaS 訂閱服務或企業應用系統服務經驗，熟悉軟體開發流程。 3.具有責任感、主動積極及專案規劃推動執行能力。 4.有永續工作經驗或具備 ISO14064-1、ISO14064-2、ISO14067、PAS2060 相關證

			5.制定產品行銷策略、產品定價及推廣計畫，並提供行銷及業務單位，必要的諮詢協助。 6.規劃服務營運流程，持續發展及優化產品功能，提升用戶體驗，滿足客戶使用需求。		照者尤佳。
勤業眾信聯合會計師事務所	企業永續—碳管理顧問／資深顧問	會計服務業	1.執行溫室氣體組織型盤查、碳足跡盤查、SBTi等專案。 2.協助企業推動淨零或減碳規劃方案。 3.協助導入國際永續相關標準，提出改善方案，並協助規劃公司ESG策略。 4.其他永續專案規劃與執行（如永續報告書編製、TCFD導入、ESG評鑑）。	不拘	1.具備溫室氣體盤查、碳足跡盤查等執行經驗尤佳。 2.具備開放學習心態、團隊合作精神、正面積極態度。 3.具備ISO 14064-1、ISO 14067相關證照，或生命週期評估軟體操作經驗者尤佳。 4.具專案執行與管理經驗者尤佳。 5.具氣候、永續

			5.方法論分析及策略開發。 6.主管交辦之協助事項。		相關背景者尤佳。 6.TOEIC 成績 750 以上（或相等英語能力）。
工研院──財團法人工業技術研究院	工研院綠能所──運輸與能源低碳模型研究員（N200）	其他專業／科學及技術業	建立溫室氣體排放模型研究： 1.建立能源物料使用溫室氣體排放資料。 2.協助模型團隊分析國內外運輸、能源、產業數據並建立模型分析工具。	不拘	1.碩士（含）以上，環境、環管、工工、材料、化工／化學、地球物理、資源工程、交通運輸、經濟相關系所。 2.具備運輸管理或資源物流數理科系等背景者佳。 3.盡責重視團隊合作與溝通特質。 4.請檢附相當於 TOEIC 650 分之英語測驗成績證明，如無法提供，將安排參加本院英文檢測。
信邦電子股份	廠務工程師（兼碳管理）	電腦及其週邊	1.ISO 14064 溫室氣體盤查與 ISO 50001 能源管理	不拘	1.機電／工程／物業管理／生產製造相關經驗。

有限公司	—工作地點：汐止／苗栗－臺灣行政部	設備製造業	系統認證相關工作。 2.減碳進程管理。 3.減碳專案規劃（能源、水、廢棄物、設備管理、再生能源）。 4.集團各廠區資訊追蹤彙整與PDCA協助。 5.跨部門溝通協調與支援協助。		2.曾實際參與溫室氣體盤查／管理工作。 3.熟悉氣候議題、溫室氣體管理、碳足跡、再生能源發展等。 4.具備相關證照尤佳。
SGS_臺灣檢驗科技股份有限公司	【ESG擴大徵才】溫室氣體查驗員（臺北）	檢測技術服務	溫室氣體／碳足跡／水足跡相關查驗工作與計畫發展執行	不拘	二年以上溫室氣體或碳水足跡相關內容之建置／輔導／查證主導執行經驗
毅嘉科技股份有限公司	22A007-環安ESG管理師	其他電子零組件相關業	1.集團ESG推動相關事務規劃與執行追蹤。 2.收集並分析全球可持續性／永續發展／ESG等趨勢。	不拘	具永續管理師證照尤佳

			3.收集國內外工廠政府政策法規、淨零／脫碳和能源議題，應用於集團政策與工廠製程整改。 4.協助 ESG 信息披露和制定框架。 5.協助強化國內外公司治理資訊揭露。 6.其他專案與主管交辦事項。		
華翰物產實業股份有限公司	循環經濟暨綠能研究員	綜合商品批發代理業	1.碳盤查。 2.循環經濟投資開發計畫之評估，如事業、農業廢棄物循環經濟研究與分析……等。 3.再生能源投資開發計畫之評估，如生質能、太陽能投資研究與分析……等。 4.蒐集研析國內外循環經濟、綠能科技政策、趨勢與機會。	文書處理／排版能力、行政事務處理、報表彙整與管理、文件檔案資料處理、轉換及整合工作、申請與執行研究計畫、撰寫研究報告與論文	1.具備良好對內對外溝通能力。 2.熟悉循環經濟、碳權相關知識。 3.專案與時間管理能力。 4.具備資訊蒐集、產業與趨勢研究、歸納、分析等能力。 5.中英文聽說讀寫流利。

			5.協助集團發展永續概念產品、碳權戰略規劃與ESG 專案推動。 6.其他主管交辦事項。		
耀登科技股份有限公司	1205：新事業發展經理（淨零永續）	通訊機械器材相關業	1.規劃和擬定產品方案營運策略，達成公司目標。 2.競爭者分析、競合分析、商業生態系開發與生態圈佈建。 3.制定減碳輔導業務策略及計劃、撰寫商業計畫書。 4.優化部門制度，建立高績效團隊，為公司培養人才。 5.減碳培訓課程管理。	不拘	1.了解氣候變遷背景趨勢，具協助企業推動永續發展經驗（能源管理／溫室氣體／碳足跡／水資源）。 2.曾受過 ISO 14064-1、ISO 14067 相關課程訓練，或具備相關基礎知識。 3.具備專案管理或政府計畫執行經驗。 4.具製造業環境保護、節能減碳、或綠色製程改造等相關經驗。 5.環境工程相關科系畢業尤佳。

財團法人臺灣商品檢測驗證中心	系統查證工程師	檢測技術服務	水資源管理，節電系統管理，碳盤查	規劃並執行品質管理系統	有ISO 9001品質管理相關經驗。特殊訓練：碳排放盤查訓練。
工研院──財團法人工業技術研究院	工研院機械所──產業研究員(U400)──臺北	其他專業／科學及技術業	負責運輸工具等產業發展之幕僚作業與政策研擬、產業推動與跨單位協調、淨零碳排及主管交辦事項等事務。	不拘	1.碩士（含）以上機械、資通訊、工工、能源等理工科系，或資管、企管等文法商管理相關系所畢。 2.具備車輛、機電、電池等相關專業技術或經驗者、或具備產業碳盤查、數位優化或節能減碳技術者，熟稔產業動態或政府行政事務者尤佳。 3.面試時請檢附相當於 TOEIC 650 分之英語測驗成績證明，如無法提供，將安排參加本院英文檢測。

SGS_臺灣檢驗科技股份有限公司	稽核員—CSR-（高雄）	檢測技術服務	1.永續報告書／企業社會責任報告書／永續活動之相關確信與查證作業。 2.溫室氣體／碳水足跡等相關查證作業。 3.永續經營相關（TCFD／綠色金融／SBT...）及新國際標準查驗證產品之協助開發與專案管理。	不拘	1.熟悉 CSR REPORT/GRI 相關要項與細節，一年以上 CSR 相關輔導或實務運作經驗。 2.如有相關碳水管理（溫室氣體盤查／產品碳水足跡盤查）實務執行經驗者尤佳。 3.具備完成永續新產品（查驗標準）開發之專案與行程管理之能力。 4.需自備交通工具。
摩斯漢堡—安心食品服務股份有限公司	【總公司】企業永續發展管理師	其他餐飲業	1.碳足跡輔導。 2.水足跡輔導。 3.溫室氣體盤查輔導。 4.ISO14001/ISO 45001 管理系統建置輔導。 5.執行環境、社會責任、工安教育訓練。 6.ESG/GRI/SDGs	不拘	1.具有節能減碳或執行政府計畫等相關工作經驗者尤佳。 2.熟悉國際淨零排放趨勢者尤佳。 3.具備產業研究或技術研發相關之學、經歷背景者尤佳。

			準則教育訓練。 7.國際新標準開發及教材製作。 8.其他主管交辦事項。		4.具環安衛專案推廣經驗。 5.熟悉 office 軟體操作。
大云永續科技股份有限公司	永續主管（臺北）	電腦軟體服務業	1.負責企業永續相關專案（溫室氣體盤查、碳足跡、碳中和、永續報告書（GRI、SASB）、TCFD、SBTi 等）之執行與管理。 2.協助企業制定與執行 ESG 策略，包括減排、綠能、淨零及低碳經濟轉型等。 3.協助客戶制定國際ESG評比改善策略，包括 CDP 、 DJSJ 、 MSCI 等。 4.獨立執行永續相關專案提案。 5.規劃並管理公司永續顧問團隊，須審閱團隊報告，並進行工作分配及進度掌	專案時間／進度控管、專案規劃執行／範圍管理	1.具 ESG 顧問輔導或產業推動專業經驗，熟悉內部碳定價、碳交易、碳權、循環經濟、永續採購、供應鏈管理等。 2.永續工作經驗 5 年以上，善於專案統籌管理、時間管理並有良好溝通協調能力。 3.對國內外永續趨勢級及客戶需求具敏銳度。 4.具備 ISO 國際證照者尤佳，如 ISO 14064-1、ISO 14064-2、ISO 14067、ISO 14001、ISO 50001、ISO 45001 等。

			控。 6.協助企業導入「大云永續雲平臺」。		
財團法人自行車暨健康科技工業研究發展中心	產業學院—環保專案工程師	自行車及其零件製造業	1.淨零碳排資料蒐集。 2.環保永續與創新研發相關專案計畫之規劃、輔導與執行。 3.協助教育訓練開課。	不拘	1.大學環境工程相關科系。 2.TOEIC 600 分以上。 3.具溫室氣體盤查或碳足跡計算經驗者尤佳。
直得科技股份有限公司	【南科】永續環境管理工程師	精密儀器相關製造業	1.企業環境專案規劃與推動如：ISO14067（產品碳足跡）、ISO14064（溫室氣體盤查）。 2.碳管理與減量推動（含碳中和規劃）。 3.蒐集並分析環境永續發展趨勢及相關法規變動。 4.溫室氣體減量計畫規劃與執	不拘	1.熟悉氣候變遷議題，具有溫室氣體管理、碳足跡、減碳專案、生命週期管理、科學基礎減量目標（SBT）、再生能源等任一工作經驗者尤佳。 2.具有問題解決、溝通、敘事與合作能力。 3.具資訊蒐集、彙整與分析能力。

			行。 5.協助各部門提出環境管理方案以持續改善精進。 6.跨部門溝通、相關專案支援與整合。 7.維護ISO 14001環境管理系統PDCA運作。 8.完成主管交辦任務。		4.會寫 SQL 尤佳。
永豐商業銀行股份有限公司	氣候變遷風險管理人員	銀行業	1.執行 TCFD 氣候變遷風險與機會之管理機制。 2.建置氣候實體風險及轉型風險之情境分析、壓力測試及財務量化計算。 3.建置 ESG 及氣候變遷風險之外部資訊源之資料庫。 4.執行「碳會計金融合作夥伴關係（PCAF）」及「科學基礎減量目標（SBT）」	不拘	1.具相關金融業風險管理經驗外，具備規劃及建置相關風險情境分析及壓力測試相關經驗者。 2. 熟悉 SQL/Python/R 語言/SAS 等統計分析、數據資料處理及分析能力。 3.具備 TCFD 氣候變遷、PCAF 及 SBT 碳盤查、綠色金融、責任投資、責任授信、永續發展、

			之投融資碳盤查作業。		企業社會責任等相關經驗者佳。 4.具良好溝通能力與團隊合作意識，與團隊協力達成目標。
穎崴科技股份有限公司	WZ0A22_公司治理主管（楠梓）	半導體製造業	1.ESG 各項專案推動及整合編撰永續報告書。 2.依法辦理董事會及股東會之會議相關事宜。 3.製作董事會及股東會議事錄。 4.協助董事、監察人就任及持續進修、執行業務所需之資料、遵循法令。 5.其他依公司章程或契約所訂定之事項等。 6.協助董事會及各功能性委員會進行績效評估。 7.制定短／中／長期永續發展策略（包括但不限於淨零碳排、能源管理、減汙減	不拘	1.取得律師、會計師執業資格。 2.公開發行公司從事法務、法令遵循、內部稽核、財務、股務或公司治理相關事務單位之主管職務達 3 年以上（以上法定資格擇一）。 3.具半導體科技或電子產業經驗 5 年以上，且有電子業公司治理經驗 2 年以上為佳。

			廢、循環生產、社會參與、風險管理等議題）。 8.驅動執行並監督上述策略目標。 9.培訓並宣導永續發展觀念與具體作為。 10.其他主管交辦事項。		
SGS_臺灣檢驗科技股份有限公司	永續報告書查證員──知識與管理事業群（臺中）	檢測技術服務	1.永續報告書／企業社會責任報告書／永續活動之相關確信與查證作業。 2.溫室氣體／碳水足跡等相關查證作業。 3.永續經營相關（TCFD／綠色金融／SBT...）及新國際標準查驗證產品之協助開發與專案管理。	不拘	1.熟悉 CSR REPORT/GRI 相關要項與細節，一年以上 CSR 相關輔導或實務運作經驗。 2.如有相關碳水管理（溫室氣體盤查／產品碳水足跡盤查）實務執行經驗者尤佳。 3.具備完成永續新產品（查驗標準）開發之專案與行程管理之能力。 4.具英文讀寫能力。

					5.需自備交通工具。
佳勝科技股份有限公司	ESG 助理管理師	印刷電路板製造業（PCB）	1.負責 ESG 專案彙整與行政作業。 2.負責收集並彙整國際 ESG 趨勢、產業動態報告。 3.協助 ESG 專案企劃與活動執行。 4.協助整合與編撰企業社會責任／企業永續報告書。 5.協助執行溫室氣體盤查／碳盤查作業。	企業風險管理	未填寫
英屬維京群島商創元有限公司臺灣分公司	ESG 專員	鞋類製造業	1.集團 ESG 推動相關事務規劃與執行。 2.集團 ESG 相關專案執行與成效追蹤。 3.品牌客戶對集團ESG相關專案執行與成效追蹤。	不拘	1.具協助企業推動永續發展經驗（能源管理／溫室氣體／碳足跡／水資源）。 2.製造業環境保護、節能減廢或綠色製程改造等 1~2 年以上相關經驗。

			4.收集並分析全球可持續性／永續發展／ESG 等趨勢、熟悉海外工廠政府政策法規、淨零／脫碳和能源議題應用於集團政策與工廠製程整改、領先機構和同行對集團主要ESG信息披露和制定框架。		3.執行過外部第三公正單位稽核等相關經驗。 4.輔導建置 ISO 管理標準等經驗。 5.具中文文案能力。 6.具 CSR/ESG 相關工作經驗及英語書面和口語流利者佳。
鉅鼎有限公司	ESG 資深專員／永續發展管理師	綜合商品批發代理業	1.協助規劃永續發展策略目標，執行企業永續發展相關專案管理，達成目標。 2.建立 ESG 相關公司內化程序，進而發展公司內部ESG識別與文化。 3.持續跟進國內外最新ESG政策趨勢，零碳／減碳及綠色能源相關議題等相關資料分析，使公司持續達成ESG指	專案溝通／整合管理、提案與簡報技巧、協助 ISO/OHSAS 與環保相關認證工作	1.熟悉永續發展現況、了解國際永續政策法規趨勢，具推動 ESG 2 年以上經驗佳（能源管理／溫室氣體／碳足跡／水資源等）。 2.精通中／英文文案撰寫，具備一定英文聽說讀寫能力。 3.具永續管理相關證照尤佳。 4.精通中英文文案撰寫，具備一定英文聽說讀寫

			標。 4.負責國內外各項永續評比機構之溝通及問卷回覆。 5.負責公司年度永續報告書（中英文版）撰寫、公司網頁ESG信息布達宣達與維護。 6.擔任教育輔導角色、介紹ESG最新概念予公司內外部（供應商、客戶及媒體）。 7.其他主管交辦事項。		能力。 5.個性主動積極、抗壓性強，擅跨部門溝通與協調。
力旺電子股份有限公司	ESG永續管理師 ESG Specialist	IC設計相關業	1.定期追蹤分析永續發展趨勢及相關法規變動以進行內部分享與導入，並據以擬定並推動公司ESG策略目標及執行公司治理與風險管理等相關作業。 2.推動公司環境	不拘	1.具永續管理相關證照者或修習相關課程者尤佳（如永續管理師，SEA/SEP, SCR等）。 2.具1年以上ESG業務推動、永續委員會運作經驗，熟悉ESG永續管理（如

			面（如溫室氣體盤查、節能、減碳專案）、社會面與治理面各項專案規劃與執行並配合外部查證作業。 3.協助永續經營委員會推動各組ESG專案之執行、管理、問題追蹤及解決。 4.ESG資料收集與管理文件彙整、整合與編撰永續報告書相關作業，並負責後續相關評比、獎項申請等作業。 5.主管交辦事項。		GRI, SASB, 重大性議題、風險管理等）、環境及碳管理（如TCFD, SBTi, ISO 14064-1, ISO 14067等）尤佳。 3.主動積極、正向思考、熱衷學習、負責任，對ESG議題與趨勢具備熱忱與使命感。 4.具備專案管理經驗及數據分析能力。
正美企業股份有限公司	總部——ESG永續發展專員	電腦及其週邊設備製造業	1.導入國際永續相關標準，協助規劃公司ESG發展策略。 2.研究並蒐集國內／外永續準則、法規、趨勢。 3.協助整合與編	專案規劃執行／範圍管理、專案溝通／整合管理	【實務經驗】具以下經驗者尤佳： 1.曾協助企業推動永續發展1年以上經驗（能源管理／溫室氣體／碳足跡／水資源）。

			撰企業永續報告書。 4.協助各據點執行溫室氣體盤查／碳盤查作業，完成年度外部查證作業。 5.協助推動能源管理系統建置，負責銜接公司內外相關單位之溝通協調。 6.其他主管交辦事項。		2.編製過 CSR 或 ESG 報告書，熟悉永續相關國際規範。 3.輔導或參與建置 ISO 14064、ISO 50001、ISO 14067 等經驗。 【相關證照】具永續管理相關證照者尤佳。
大銀微系統股份有限公司_HIWIN MIKROSYSTEM	環安衛主管	其他電子零組件相關業	1.規劃、督導及推動公司安全衛生環保計畫業務。 2.規劃及推動職災及職業病預防、汙染預防與工作環境改善專案。 3.協助各單位主管指導或教育職安衛相關知識和技能。 4.ISO14001、ISO45001 系統推動與執行。	不拘	1.具備推動 CSR 經驗尤佳。 2.具工廠端環安衛業務管理經驗。 3.具備溫室氣體盤查推行經驗尤佳。 4.具備 ISO 50001 推行經驗尤佳。

			5.碳零排放推動與執行。		
環興科技股份有限公司	環境工程師（總公司）#17111011	建築及工程技術服務業	氣候變遷調適、低碳城市計畫	不拘	具原住民身份者佳
台達電子工業股份有限公司_DELTA ELECTRONICS INC.	ESG 企業永續經營資深專員──企業信息（臺北）	其他電子零組件相關業	1.企業永續智庫──掌握國際永續趨勢與法規，公司內部ESG智庫。 2.ESG 專案管理──開發並管理ESG 專案進度，如碳管理、供應鏈管理、循環經濟、再生電力採購與綠電匹配管理等之相關專案。 3.資源整合與溝通協調，協助各單位導入永續思維，跨單位整合與溝通。 4.利害關係人之ESG 溝通，包含客戶、員工、供	不拘	1.具 ESG 顧問輔導或產業推動專業經驗。 2.熟悉碳管理、碳權交易、循環經濟、再生電力、水與廢棄減量與管理之專案管理能力。 3.對國際永續趨勢需有敏銳力以及對數字需具敏銳度。 4.快速學習力，獨立運作能力，良好跨組織溝通能力。

			應鏈、投資者、政府等。維持公司ESG領導地位並與協助推動業務發展機會。 5.年度報告書，國際評比（DJSI、CDP等等）。		
安永聯合會計師事務所	【ESG策略與永續發展諮詢服務】環境面永續顧問／資深顧問	會計服務業	協助企業制定永續策略並優化現行永續管理組織與管理機制、建立永續文化。 1.協助企業導入環境、能源及氣候相關ISO管理系統（ISO 14064、ISO50001、ISO 14067等）。 ──溫室氣體組織型／碳足跡等相關查驗及盤查輔導作業。 ──溫室氣體專案型之查驗及輔導作業。 2.協助企業編撰永續／企業社會責任報告書（CSR/ESG	專案人力資源管理、專案成本／品質／風險管理、專案時間／進度控管、專案規劃執行／範圍管理、專案溝通／整合管理、專案管理架構及專案說明、協商談判能力、改善及預防衛生品質與環境汙染、規劃實施勞工作業區域環境檢測、產品材料分析、環境改良作業規劃	1.具團隊精神及良好溝通表達能力；對於永續發展／ESG議題有熱忱；主動積極、工作有效率且能獨立作業。 2.熟悉或有意願發展氣候相關財務數據化的研究。 3.熟悉或有意願發展國際供應鏈環境面要求的解決方案。 4.熟悉或有意願發展企業相關的再生能源領域法規、趨勢研究。 5.環境科學研究方法（包含質性與量化方法，

			Report）。 3.其他工作事項： ──參與新服務開發。 ──利用新工具研發方法論，持續學習並創新、分享知識予團隊成員，同時優化服務效率與流程。 ──部門行政、行銷活動事務。 服務項目如下： ──TCFD、SASB、碳策略分析。 ──環境、能源及氣候相關 ISO 或管理系統、SBTi、內部碳定價。 ──永續服務：ESG/CSR 報告書、CDP、DJSI 及其他永續服務。		LCA）。 6.良好的專案管理能力。 7.擅長資訊收集分析，具撰寫優質報告能力。 ──具以下經驗者尤佳： *對氣候相關財務揭露、SBTi、碳及能資源管理、企業ESG風險管理、企業環境相關的財務影響評估、國際供應鏈採購或稽核實務等具備經驗、熱忱和敏銳度。 *執行企業經營管理分析、市場分析、風險分析專案之經驗。 *具 TCFD、環境、能資源及氣候相關 ISO 或管理系統等相關證照。

康舒科技股份有限公司	C0S2-CSR企業永續管理師（北投）	其他電子零組件相關業	1.協助推動 ESG 永續相關專案（CSR、CDP、SBT、TCFD）。 2.公司企業永續報告書編撰及外部評比參與。 3.執行公司能源相關盤查，追蹤節能減排。 4.規劃、執行社會公益活動。 5.公司年報與公司治理評鑑撰寫。	不拘	1.對企業永續 ESG 議題有高度興趣。 2.具綠色產品／碳、水足跡／永續報告書／ESG 評比／永續專案規劃、執行經驗者佳。 3.具 ISO 永續管理系統執行經驗者佳。 4.具文稿撰寫、資料統整及團隊溝通能力。
SGS_臺灣檢驗科技股份有限公司	溫室氣體查證員──知識與管理事業群（臺中）	檢測技術服務	1.溫室氣體／碳足跡／水足跡相關查證。 2.永續經營相關查驗證產品之協助開發與專案管理。 3.後續資格延伸：環境管理／能源管理／水效率管理……系統稽核。	不拘	1.二年以上溫室氣體或碳水足跡相關內容之推動／建置／輔導／查證經驗。 2.已登錄為行政院環境保護署溫室氣體主導查驗員／查驗員尤佳。 3.已完成行政院環境保護署溫室氣體盤查與查驗人員訓練課程並取得證書尤佳。

					4.曾有推動／輔導／建置／查驗以下行業之溫室氣體盤查實務經驗尤佳（鋼鐵業／電力業／石油煉製業）。 5.具備獨立掌控專案進行之能力。 6.具英文讀寫能力。 7.需自備交通工具。
臺中商業銀行股份有限公司	總行——節能專員	銀行業	1.溫室氣體盤查、節能減碳及ISO14001 環境管理系統等相關規劃。 2.其他主管交辦事項。	不拘	1.善於人際溝通。 2.具群體觀念、熱於協助他人。 3.善於分析、規劃。 4.有溫室氣體盤查、節能減碳、ISO14001 相關經驗佳。 5.具能源管理員證照佳。
財團法人臺灣	111-13 驗證處工程師	其他專業／科	1.主辦工廠檢查業務。 2.協助後市場查	不拘	1.大學（含）以上理工科系畢業（應徵時請檢附

大電力研究試驗中心		學及技術業	核／溫室氣體查證／碳足跡查證／商品驗證等。 3.協助準備主管機關及外部機構評鑑文件。		畢業證書影本）。 2.須具備實驗室／工廠檢查／稽核經驗。 3.具溫室氣體或碳足跡或儲能系統驗證等工作經驗尤佳。 4. 熟悉電腦OFFICE作業、具汽車駕照、英文聽說讀寫佳、須配合國內外出差及具溝通協調能力。
PMC_財團法人精密機械研究發展中心	工業設備安全工程師-N1	檢測技術服務	1.負責部門設備安全新業務執行。 2.協助部門節能減碳新技術開發及執行。	不拘	1.具節能減碳相關經驗尤佳。 2.具工具機／半導體設備相關領域工作經驗尤佳。 3.具電子／電機背景佳。
安永聯合會計師事	【ESG策略與永續發展諮詢服務】永	會計服務業	1.執行 ESG 品牌、活動視覺規劃、網頁等數位視覺設計。	專案人力資源管理、專案成本／品質／風險管理、專案時間／	1.了解 Adobe Photoshop、Illustrator 等平面繪圖軟體。

務所	續顧問／資深顧問		2. 協助提案PPT、平面設計製作與規劃。 3.協助企業制定永續策略並優化現行永續管理組織與管理機制、建立永續文化。 4.協助企業制定ESG品牌策略並與相關事務連接。 5.協助客戶導入各項國際準則，包括：TCFD、SASB、RBA、SBTi、赤道原則、責任投資原則、責任保險原則、責任銀行原則、機構投資人盡責守則等。 6.協助企業建立永續供應鏈及相關ESG管理程序優化。 7.協助企業編撰永續／企業社會責任報告書（CSR/ESG	進度控管、專案規劃執行／範圍管理、專案溝通／整合管理、專案管理架構及專案說明、協商談判能力、品牌行銷管理、品牌知名度推廣、產品材料分析	2.具團隊精神及良好溝通表達能力；對於永續發展／ESG議題有熱忱；主動積極、工作有效率且能獨立作業。 3.熟悉或有意願發展企業永續品牌相關作為。 4.熟悉或有意願發展企業永續優化之相關內容。 5.熟悉或有意願發展企業相關的再生能源領域法規、趨勢研究。 6.良好的專案管理能力。 7.擅長資訊收集分析，具撰寫優質報告能力。 —具以下經驗者尤佳： * 對氣候相關財務揭露、SBTi、碳及能資源管理、企業ESG風險管理、企業環境相關的財務影

			Report）。 8. 其他工作事項： ──參與新服務開發。 ──利用新工具研發方法論，持續學習並創新、分享知識予團隊成員，同時優化服務效率與流程。 ──部門行政、行銷活動事務。 9. 服務項目如下： ──TCFD、SASB、碳策略分析、SROI、LBG、PRI、PSI、PRB。 ──環境、能源及氣候相關 ISO 或管理系統、SBTi、內部碳定價。 ──永續服務：ESG/CSR 報告書、CDP、DJSI 及其他永續服務		響評估、國際供應鏈採購或稽核實務等具備經驗、熱忱和敏銳度。 * 執行企業經營管理分析、市場分析、品牌策略、風險分析專案之經驗。 * 具 TCFD、環境、能資源及氣候相關 ISO 或管理系統等相關證照。

			主要責任： 1.執行諮詢顧問專案。（資深顧問：應有能力了解和掌握客戶需求和期望，以專業和品質導向，領導團隊發展對應的工作與執行範疇）。 2.少量業務開發工作及對外活動規劃。 3.學習新專業領域並開發新服務。		
工研院—財團法人工業技術研究院	研發替代役—工研院中分院—溫室氣體盤查分析師（0G200）	其他專業／科學及技術業	1.溫室氣體盤查分析。 2.淨零碳排路徑規劃。 3.生質能減碳效益分析。	不拘	1.環境工程／化學／地球科學／資工相關科系碩士（含）以上學歷。 2.對碳盤查或碳足跡有相關工作經驗者尤佳。 3.請檢附相當於TOEIC 650分之英語測驗成績證明，如無法提供，將安排參加本院英文檢測。

工研院──財團法人工業技術研究院	短期6個月全時約聘──綠能所──溫室氣體減量政策研究員（N200臺北）	其他專業／科學及技術業	1.協助建立企業淨零排碳路徑模型工作。 2.協助蒐研彙整企業減碳策略資訊。 3.協助蒐研國際科學檢核相關文獻報告。	不拘	具備環境工程、環境資源、大氣科學、資源工程、或地球物理等其中之一之理工相關背景，接觸氣候變遷相關領域為佳。
歆錡科技股份有限公司	ESG永續管理師	半導體製造業	1.對ESG具基礎概念，可接受培訓進行碳排放數據進行收集。 2.規劃ESG相關事務，針對主題成立專案執行並追蹤成效。 3.協助各部門及廠區推動專案之執行、管理、問題追蹤及解決。 4.建立ESG相關公司內化程序，進而發展公司內部ESG識別與文化。 5.協助規劃永續發展策略目標，執行企業永續發展相關專案管	不拘	有貨車、堆高機執照可加薪

			理，達成目標。 6.持續跟進國內外最新ESG政策趨勢，零碳／減碳及綠色能源相關議題等相關資料分析，使公司持續達成ESG指標。 7.負責公司年度永續報告書（中英文版）撰寫、公司網頁ESG信息宣達與維護。 8.其他主管交辦事項。		
緯創軟體股份有限公司	A-ESG永續管理師（汐止總部）	電腦軟體服務業	1.協助ESG相關準則導入與策略規劃（碳中和、碳盤查等等）。 2.協助ESG報告書整合與編撰。 3.ESG相關評比與獎項規劃執行。 4.蒐研國內／外ESG服務市場發展與趨勢。 5.協助建構ESG管理系統。	不拘	1.對ESG具備高度熱忱與使命感。 2.主動積極、正向思考、熱衷學習、負責任。 3.既可獨立完成作業亦相當重視團隊合作。 4.具永續管理相關證照者或修習相關課程者佳。

			6.其他主管交辦事項。		
總太地產開發股份有限公司臺中分公司	永續發展管理員	建築工程業	1.溫室氣體盤查（碳盤查）、碳足跡計算。 2.撰寫碳權申請計畫書。 3.具碳權交易經驗、人脈者尤佳。 4.專案執行與管理。	不拘	未填寫
嘉基科技股份有限公司	企業永續發展管理師	電腦及其週邊設備製造業	1.國際及產業永續發展趨勢、法規分析與策略研擬。 2.配合集團推動企業社會責任、永續發展、友善環境工作等 ESG 計畫，跨子公司專案溝通與合作。 3.ESG 資料撰寫，內容包含企業社會責任（CSR）報告書之統整、碳管理及盤查、ESG 專	不拘	1.有 CSR Report 報告書撰寫經驗，熟知 GRI Standards/TCFD/SBTi。 2.執行過 AA1000、SAE3000、ISO 14064 等外部第三公正單位稽核相關經驗。 3.有碳足跡／碳盤查／CDP／碳權等經驗，能規劃並執行減碳專案。 4.具提案能力及規劃、執行與整

			案管理及執行追蹤報告等。 4.兼任職安室業務主管，主持職安季報。 5.主管交辦事項。		合能力。 5.擁有甲種職業安全衛生業務主管優。
環穎科技股份有限公司	環境管理專案工程師	其他專業／科學及技術業	1.協助政府專案計畫執行。 2.企業溫室氣體、碳足跡輔導。 3.具備溫室氣體盤查、企業社會責任（CSR）、產品綠色設計及碳足跡等相關實務經驗者尤佳。	不拘	需相關科系畢業
香港商瑞師精密科技股份有限公司臺灣分公司	環保節能管理師	汽車及其零件製造業	1.全廠環境檢查及廢棄物清運。 2.事業廢棄物月申報。 3.ISO 14001 體系執行及認證。 4.ISO 14064 溫室氣體排放體系資料收集及認證。 5.ISO 14067 碳足跡體系資料收集	申請空汙、廢水、廢棄物等許可證、協助 ISO/OHSAS 與環保相關認證工作、規劃、維護保養廢棄物排放系統、廢棄物管理與申報處理	1.熟悉環保，水、空、廢、毒、土壤法律法規。 2.熟悉 ISO 14001 系統各項流程及作業範疇。 3.諳統計技術手法及概念。 4.專案規劃執行與管理。

			及認證。 6.ISO 50001 能源管理體系資料收集及認證。 7.PAS 2060 碳中和體系資料收集及認證。 8.垃圾分類督導執行。 9.員工宿舍管理。 10.墨西哥廠EHS 月申報。		5.環保／節能減碳相關工作經驗一年以上。
大云永續科技股份有限公司	永續主管（高雄）	電腦軟體服務業	1.負責企業永續相關專案（溫室氣體盤查、碳足跡、碳中和、永續報告書（GRI、SASB）、TCFD、SBTi 等）之執行與管理。 2.協助企業制定與執行 ESG 策略，包括減排、綠能、淨零及低碳經濟轉型等。 3.協助客戶制定國際ESG評比改善策略，包括CDP 、 DJSJ 、	專案時間／進度控管、專案規劃執行／範圍管理	1.具 ESG 顧問輔導或產業推動專業經驗，熟悉內部碳定價、碳交易、碳權、循環經濟、永續採購、供應鏈管理等。 2.永續工作經驗 5 年以上，善於專案統籌管理、時間管理並有良好溝通協調能力。 3.對國內外永續趨勢及客戶需求具敏銳度。

			MSCI 等。 4.獨立執行永續相關專案提案。 5.規劃並管理公司永續顧問團隊，須審閱團隊報告，並進行工作分配及進度掌控。 6.協助企業導入「大云永續雲平臺」。		4.具備 ISO 國際證照者尤佳，如 ISO 14064-1、ISO 14064-2、ISO 14067、ISO 14001、ISO 50001、ISO45001 等。
維樂工業股份有限公司	ESG 專案助理	自行車及其零件製造業	1.對 ESG 具基礎概念，可接受培訓進行碳排放數據進行收集。 2.規劃 ESG 相關事務，針對主題成立專案執行並追蹤成效。 3.協助各部門及廠區推動專案之執行、管理、問題追蹤及解決。 4.執行其他主管交辦事項。	不拘	1.具協助企業推動永續發展經驗者佳（能源管理／溫室氣體／碳足跡／水資源）。 2.具製造業環境保護、節能減廢或綠色製程改造等 1~2 年以上相關經驗者佳。 3.具溫室氣體盤查、計算作業者佳。 4.環安衛相關科系畢業無經驗亦可，非本科系符合上述其中一項條件者佳。

財團法人臺灣經濟研究院	1B-14（助理研究員／助理研究員）	其他教育服務業	1.從事研究分析。 2.協助研究計畫執行。 3.從事淨零碳排與碳管理相關計畫研究。 4.協助撰寫與製作專案計畫報告、簡報。 5.主管交辦事項。	不拘	1.科系不拘。 2.個性要求：善溝通、認真負責、細心謹慎。 3.薪資範圍：月薪40,000元起並依工作經歷議定。
思納捷科技股份有限公司	ESG專案經理	電腦軟體服務業	1.控管ESG與減碳專案進度並完成專案目標。 2.與客戶日常的溝通協調並提供諮詢建議。 3.協助業務提案準備。	不拘	1.熟知永續與ESG語言。 2.了解國內外永續發展趨勢、ESG相關標準與框架、評級與倡議、節能、永續金融、相關的最佳實踐和新技術。 3.具提案能力。 4.具規劃、執行與整合能力 5.願意跳脫傳統思維與舒適圈。

年興紡織股份有限公司	臺北——永續發展管理師	紡織成衣業	1.負責依據 GRI 準則建立永續報告書，並推行相關專案。 2.統整 ESG 相關資訊，並建立企業資料庫。 3.永續資訊揭露，包含ESG文案撰寫、公司官網資訊更新。 4.負責擬定並執行永續政策，並根據執行結果進行檢討與改善。	不拘	1.凡具以下其一經驗者，科系不限： (1)企業推動永續發展 2 年以上經驗，具能源管理、溫室氣體、碳足跡、水資源其中一項尤佳。 (2)具編製 ESG 永續報告書實務經驗，熟悉相關國際規範。 2.具備良好邏輯及溝通協調能力。
日月光半導體製造股份有限公司	行政支援類——CSR 工程師【高雄】	半導體製造業	1.集團環境相關管理專案規劃與執行。 2.集團資訊安全管理體系規劃與整合。 3.跨部門、廠區環境管理、資安管理相關專案支援與整合。 4.集團內外企業永續發展、社會企業責任議題及活動的溝通窗口。	不拘	1. 2 年以上具生命週期管理、溫室氣體管理、永續性報告書、減碳等企業永續發展相關工作者經驗尤佳。

			5.永續性報告書撰寫。		
勤業眾信聯合會計師事務所	企業永續發展實習顧問	會計服務業	1.協助執行企業永續發展顧問專案，如ESG策略規劃、氣候變遷及碳管理、永續金融等。 2.協助執行永續相關議題資料蒐集、翻譯與彙整，如國際趨勢報告、標竿企業案例、國內外永續新聞等。 3.協助執行供應商永續審查活動。 4.其他主管交辦事項。	不拘	1.對永續發展有興趣。 2.細心、負責任。 3.曾修習永續發展相關課程或具備有關經驗者佳。
財團法人中華經濟研究院	能環中心誠徵專案經理（碩士或博士畢且具法人經歷者）	其他教育服務業	1.對淨零碳排及循環經濟議題具有熱忱，希望參與能源與環境政策的制定。 2.善於蒐集分析資料及數據，以清楚易懂的方式形成政策論述。 3.對數位行銷企	專案規劃執行／範圍管理、專案溝通／整合管理、提案與簡報技巧、行銷策略擬定、顧客關係管理、市場調查企劃與執行、市場調查資料分析與報告撰寫、統	1.至少一年綠色產業相關經驗（具執行政府計劃經驗、簡報與計畫書撰寫經驗與能力者，將優先考量）。 2.擅長網絡協作，能和主要利害關係人（政府

			劃與推廣具有興趣，擴大影響力。	計軟體操作	單位、產業界）建立良好合作關係。 3.具備數據分析能力及擅長統計相關軟體、熟悉辦公室電腦軟體作業、具備基礎美編能力。 4.科系不限（具商學、經濟、統計、環工、環境及能源產業分析等相關背景尤佳）。
矽格股份有限公司	ESG_永續發展環境專案工程師	半導體製造業	1.企業碳管理規劃。 2.減碳系統整合及建置。 3.國內外環境永續相關訊息蒐集。 4.跨部門專案合作及溝通協調整合。 5.再生能源規劃。 6.執行溫室氣體盤查等事項。 7.協助職安衛相關事項辦理。	不拘	我們歡迎過往經驗具有 PM 的您!!!

樺漢科技股份有限公司—鴻海集團	QS&EHS工程師（HS220822012）	電腦及其週邊設備製造業	1.負責 ISO 維護。 2.協助推行 ESG 專案。 3.配合客戶 Audit。	不拘	1.熟 ISO 及 EHS。 2.有推動 CSR 和 ESG 專案經驗佳。 3.有碳盤查及能源管理經驗佳。 4.可應對客戶系統稽核。
光宇工程顧問股份有限公司	溫室氣體查證員	環境衛生及汙染防治服務業	1.溫室氣體盤查／查證工作執行。 2.執行溫室氣體減量計畫。 3.碳資產管理服務與規劃。 4.其他相關工作。	不拘	1.需具備以下條件擇一： (1)二年以上環境保護或管理、能源技術或管理、職業安全衛生、風險管理、品質管理等有關的檢測、工程設計、輔導諮詢或查驗經驗。 (2)二年以上環境保護或管理、能源技術或管理、職業安全衛生、風險管理、品質管理等有關標準或法令訂定、修正或審定經驗。 (3)通過國家環境保護或管理、職

					業安全衛生或品質管理等相關技能檢定合格。 2. 需具備 ISO 14064 查證員培訓證書且具查證實績。 3.具環保署登錄者尤佳。
臻鼎科技股份有限公司	環工──綠色供應鏈管理工程師（海外地區）	印刷電路板製造業（PCB）	1.供應商 SER 輔導與稽核。 2.推動綠色供應鏈、輔導廠商節能減碳與相關體系建立。 3.主導與管理廠商環保節能專案，進度掌控跟進。 4.辦理綠色供應商會議及技術交流論壇，節能減碳成果呈現。 5.產品碳足跡及範疇三碳盤查與管理。	不拘	1.環保、環工、化學等有關科系畢業（碩士）。
東科環境股份有限	專案執行人員	環境衛生及汙染防	負責嘉義市政府標案執行： (1) 稽查輔導機關、學校及服務	專案溝通／整合管理、協商談判能力、業績目標分配與績效達成	須具備 1 年以上節能減碳或環境教育宣導相關經驗

公司		治服務業	業落實節電規定。 (2)節約能源教育與推廣。 (3)運用多元網路平臺管道進行節電行銷推廣。		
財團法人臺灣經濟研究院	1B-2（助理研究員／助理研究員）	其他教育服務業	1.從事研究分析。 2.協助研究計畫執行。 3.行政業務。 4.主管交辦事項。 5.執行淨零與負碳能源相關議題之計畫，協助包含計畫書與報告撰寫、簡報製作、會議與活動辦理，以及從事社會科學、經濟與環境永續等相關研究。 6.工作地點：派駐國科會。	不拘	1.相關經驗不拘。 2.科系：經濟、統計、環境工程、科技管理、工程管理、商業管理、社會系等相關科系。 3.個性要求：主動積極、認真負責、溝通能力強、注重團隊合作精神。 4.工作技能：議題研究與分析、撰寫研究報告與簡報、行政事務處理。 5.薪資範圍：月薪40,000元起並依工作經歷議定。

社團法人臺灣淨零排放協會	企劃專員	其他組織	1.教育訓練及研討會規劃。 2.碳淨零排放、氣候變遷及永續發展教育工作推動。 3.碳淨零永續趨勢資料摘錄彙整及簡報製作。 4.行政及專案管理。 5.跨部門合作支援。 6.其他主管交辦事項。	提案與簡報技巧、網路活動規劃與執行、社群媒體經營管理、廣告企劃案／文案撰寫	具資訊、網路設備維護及美工者佳。具熱誠、溝通能力者佳。
宏碁股份有限公司	【CSR】ESG Specialist	電腦及其週邊設備製造業	·規劃與推動 ESG 專案或活動。 ·掌握、分析永續發展趨勢及相關法規。 ·管理 ESG 資料管理系統。 ·協助永續委員會相關工作小組運作。 ·利害相關團體議合，包括政府機關、學研	不拘	需要能力 ·優異的中英文口頭和書面溝通技巧。 ·精通 Microsoft Office 或相關軟體。 ·出色的數據分析和邏輯思考能力。 ·具環境資料架構基礎或產品碳足跡經驗者為佳。 教育和經驗

			單位、倡議組織、NGO 等。 ·執行指定其他 ESG 相關工作。		·需要環境科學、社會科學或相關領域的學士學位；研究生學歷優先。 ·需要至少 3 年以上 CSR/ESG 相關工作經驗。
財團法人臺灣綜合研究院	【碩士】環境能源經濟、2050 淨零排放 Net Zero 研究人員	其他教育服務業	1.能源統計資料處理及數據分析專長或是具有城鄉規劃 GIS 圖資專業。（具備其中一項即可）。 2.國內外碳中和、2050 淨零排放資訊蒐集、環境規劃等資訊蒐集、方法研析與報告撰寫。 3.對數據處理與分析具備耐心與細心，以及具備獨立思考、溝通協調與資訊整合能力。 4.具數據故事化、圖形視覺化	作業系統基本操作、文書處理軟體操作、簡報軟體操作、撰寫研究報告與論文	未填寫

			及簡報美化能力。其他具經濟、統計、能源或資訊尤佳。 5. 5 年以下工作經驗之碩士畢業生以高級助理研究員起聘；碩士畢業具 5 年以上工作經驗視表現與過往經歷可以副研究員起聘；完整升等制度，研究具發展性，為個人專業、職涯發展與管理能力培養之最佳環境。		
工研院──財團法人工業技術研究院	工研院產科國際所──資訊服務領域產業分析師（0C100）	其他專業／科學及技術業	物聯網相關計畫研究 ──資訊服務暨軟體領域產業研究 ──數位轉型、淨零碳排相關議題研究	不拘	1.碩士（含）以上／資訊、資管、商管、工程等相關科系。 2. 擅長資料搜尋、能快速吸收新知識。 3.具備清楚之邏輯思考與口語表達能力、獨立研究能力、團隊合作能力。

					4.具產業分析或資訊軟體相關產業經驗佳，資訊軟體相關科系或證照無經驗亦可。 5.請檢附相當於TOEIC 650分之英語測驗成績證明，如無法提供，將安排參加本院英文檢測。
安永聯合會計師事務所	【氣候變遷及永續發展／ESG服務】永續顧問／資深顧問	會計服務業	1.協助企業制定永續策略並優化現行永續管理組織與管理機制、建立永續文化。 2.協助企業制定ESG品牌策略並與相關事務連接。 3.協助客戶導入各項國際準則，包括：TCFD、SASB、RBA、SBTi、赤道原則、責任投資原則、責任保險原則、責任銀行原則、機構投資人	不拘	1.具團隊精神及良好溝通表達能力；對於永續發展／ESG議題有熱忱；主動積極、工作有效率且能獨立作業。 2.熟悉或有意願發展企業永續品牌相關作為。 3.熟悉或有意願發展企業永續優化之相關內容。 4.熟悉或有意願發展企業相關的再生能源領域法規、趨勢研究。 5.良好的專案管

			盡責守則等。 4.協助企業建立永續供應鏈及相關ESG管理程序優化。 5.協助企業編撰永續／企業社會責任報告書（CSR/ESG Report）。 6.其他工作事項： ──參與新服務開發。 ──利用新工具研發方法論，持續學習並創新、分享知識予團隊成員，同時優化服務效率與流程。 ──部門行政、行銷活動事務。 7.服務項目如下： ──TCFD、SASB、碳策略分析、SROI、LBG、PRI、PSI、PRB。		理能力。 6.擅長資訊收集分析，具撰寫優質報告能力。 ──具以下經驗者尤佳： * 對氣候相關財務揭露、SBTi、碳及能資源管理、企業ESG風險管理、企業環境相關的財務影響評估、國際供應鏈採購或稽核實務等具備經驗、熱忱和敏銳度。 * 執行企業經營管理分析、市場分析、品牌策略、風險分析專案之經驗。 * 具 TCFD、環境、能資源及氣候相關 ISO 或管理系統等相關證照。

			──環境、能源及氣候相關 ISO 或管理系統、SBTi、內部碳定價。 ──永續服務：ESG/CSR 報告書、CDP、DJSI 及其他永續服務 主要責任： 1.執行諮詢顧問專案。（資深顧問：應有能力了解和掌握客戶需求和期望，以專業和品質導向，領導團隊發展對應的工作與執行範疇）。 2.少量業務開發工作及對外活動規劃。 3.學習新專業領域並開發新服務。		
SGS_臺灣檢驗科技股	【ESG 擴大徵才】永續產品查證員（臺北）	檢測技術服務	1.永續報告／永續採購／永續活動之相關確信與查證作業。 2.溫室氣體查證	不拘	1.熟悉 CSR/GRI 相關要項與細節。 2.對 ESG/TCFD/SASB 等議題有

份有限公司			作業。 3.永續經營相關查驗證產品之協助開發與專案管理。 4.後續資格延伸：碳水足跡／能源管理。		興趣。 3.具備獨立掌控專案進行之能力。 4.具 CSR 報告書輔導經驗或公司 CSR 實務運作經驗或社會責任推動運作經驗。
臻鼎科技股份有限公司	研發-ESG 專責主管（海外地區）	印刷電路板製造業（PCB）	1.負責研發部門的 ESG 專案、DJSI 指標、氣候或環境變化風險相關之年度規劃、執行。 2.建立綠色產品與研發創新對企業 ESG 之影響及因應措施。 3.碳中和、淨零碳、Re100 研究與規劃。 4.研究國際標準、法規及產業永續發展趨勢。 5.掌握集團 ESG 專案需求，協調研發單位所需要資源及風險評鑑事宜。	不拘	1.熟悉專案管理流程及各種專案管理方法。 2.有 ESG 管理經驗或導入經驗、熟悉碳相關知識或計算，或具 PCB 產業相關工作經驗尤佳。 3.良好溝通協調能力、團隊合作、積極主動、耐心細心等人格特性。 4.具獨立作業與團隊協作能力者優先。

			6.專案規劃、專案簡報（進度報告）、專案相關文件等撰寫。 7.公司系列產品開發規劃與設計，與研發團隊一同合作推進。		
信邦電子股份有限公司	ESG 管理師──工作地點：汐止──永續發展辦公室	電腦及其週邊設備製造業	1.碳議題相關： (1)集團中長期減碳目標落實，含減碳措施、追蹤機制。 (2)再生能源綠電機制研究、評估 2.ESG 品牌形塑：官網、維護；獎項、國際評比、公協會倡議參與。	不拘	1.全球碳議題了解並具備其相關計算能力。 2.品牌形塑及行銷等能力。 3.樂觀、善溝通。 4.具備好奇心及自我成就驅動力。
勤業眾信聯合會計師事務所	永續發展──數位永續管理資深顧問／經理	會計服務業	1.針對數位永續需求進行訪談與分析，與永續專家討論與確認產品功能、收斂可執行內容、提出數位解決方案發展規劃。 2.管理永續數位	不拘	1.具 3 年以上系統開發或專案管理工作經驗。 2.參與過中大型系統開發專案，熟悉系統開發流程、基本技術名詞與文件，並可依專案需求規劃

			解決方案開發時程，並負責系統測試與驗收相關工作。 3.依專案開發階段，與系統開發單位合作產出相關文件（包含但不限於產品功能列表、流程圖、結構圖、需求規格書等）。 4.負責專案管理（含規劃專案執行時程、主動跟催內外部待辦事項、主持專案會議、撰寫會議紀錄、追蹤專案進度及派工、委外廠商管理與風險控管），確保成本、品質、時程符合專案目標及事務所規範。 5.與永續顧問共同參與與執行永續相關顧問諮詢專案。		功能架構，彙整資料文件及梳理各項專案細節。 3.具備優秀的邏輯思考、理解能力與表達能力。能同時與多個團隊協作，且具備持續學習新知與發展解決方案的企圖心。 4.資訊、資工相關科系，或擁有資訊業工作相關經驗者佳。 5.對碳管理、供應鏈、企業數位永續管理有興趣者尤佳。

SGS_臺灣檢驗科技股份有限公司	氣候變遷與永續發展創新專案工程師──環境（臺北）	檢測技術服務	1.氣候變遷風險與脆弱度評估。 2.氣候變遷減緩與調適行動方案。 3.永續城市治理策略建議。 4.社會溝通。 5.企業永續發展。	不拘	1.科系不限，熟悉永續議題／溫管法、企業永續發展推動、能源改善推動、專案管理及製程與設備改善經驗。 2.具有循環經濟實務、碳管理／減碳行動規劃與推行、物流與倉儲、生產製造、企業盡職調查等其中一項經驗者佳。 3.具綠色產品／碳足跡／永續專案規劃執行經驗者佳。 4.具有供應鏈／供應商管理或產業界採購管理經驗者佳。 5.具有問題解決力、溝通、敘事能力與合作能力。 6.具資訊蒐集、彙整與分析能力。

中華開發金融控股股份有限公司（凱基證券）（凱基銀行）（中華開發資本）	【凱基證券】氣候變遷風險人員	金融控股業	1.依證券商風險管理實務守則、TCFD（氣候變遷財務揭露）及PCAF（碳會計金融合作夥伴關係）等辦理以下投融資之氣候變遷風險管理等相關工作。 (1)規劃證券商因應氣候變遷風險之風險管理機制。 (2)氣候變遷風險評估之指標及評估方法。 (3)氣候變遷風險之衡量與胃納。 (4)證券商氣候變遷風險情境分析。 (5)證券商氣候變遷風險資訊揭露。 (6)TCFD及PCAF（碳會計金融合作夥伴關係）投融資部位碳盤查設算。	不拘	1.歡迎具商管或理工學院等相關科系。 2.英文能力佳、具備英文閱讀能力者。 3.具永續管理師資格或金融業TCFD 報告書等專案相關工作經驗者尤佳。 4.具主動積極、團隊精神、溝通能力、問題解決及表達能力、工作細心者尤佳。

			(7)高敏感度產業及高碳排產業投融資盤查及控管。 2.ESG 及氣候變遷風險資料蒐集及系統導入規劃。 3.規劃及執行金控母公司永續發展ESG風險等交辦工作事項。 4.規劃協調執行有關主管機關發布「證券業永續發展轉型執行策略」之風險管理相關轉型策略及具體措施。 5.有關 ESG 及氣候變遷投融資風險承諾之溝通協助第一道防線單位。		
信星資訊股份有限公司	溫室氣體盤查管理師	電腦軟體服務業	1.進行 ISO14064-1 溫室氣體盤查輔導，協助客戶通過 ISO 國際認證。 2.進行 ISO14067	專案溝通／整合管理	未填寫

			產品碳足跡輔導，協助客戶通過 ISO 國際認證。 3.輔導、教育訓練規劃及執行與文件產出。 4.公司文案、教材之撰寫及簡報製作。 5.其他主管交辦事項。		
耀登科技股份有限公司	1250：永續發展輔導管理師	通訊機械器材相關業	1.專案競標、執行、資料統計分析、報告撰寫、簡報製作與進度控管。 2.熟悉國內外溫室氣體法規制定現狀、碳盤查相關標準（ISO 14064-1, 14064-2, 14064-3, 14067）、政策發展，及具備研析能力。 3.溫室氣體盤查執行，並規劃減量計畫與執行。 4.導入執行碳管理、碳盤查相關	1.輔導企業規劃溫室氣體盤查專案。 2.輔導企業推動溫室氣體減量相關事宜。 3.輔導企業規劃碳足跡盤查專案。 4.輔導企業推動節能減碳相關事宜。	未填寫

			專案業務。 5.蒐集彙整與熟悉國內外永續發展相關議題資訊，有永續報告書導入、SASB 及 TCFD 執行經驗者更佳。 6.其它主管交辦事項。		
飛捷科技股份有限公司	（M04）ESG 專案管理師	電腦系統整合服務業	1.負責各項永續評比機構之溝通及問卷回覆。 2.管理與執行企業永續發展相關專案。 3.協助永續發展報告書之統籌、彙整與發行編撰永續報告書。 4.協助執行公司內部溫室氣體盤查／碳盤查作業，完成年度外部查證作業。 5.研究並蒐集國內／外永續準則與法規、趨勢。	不拘	1.具有企業永續發展推動、永續策略擬定相關經驗兩年以上。 2.具專案規劃與解決問題能力。 3.熟悉 ESG 永續發展或節能、綠色經濟產業等。

資誠聯合會計師事務所	I.行政類——總務人員（能源管理）	會計服務業	1.負責辦公室能源管理與節能減碳措施導入。 2.負責每年溫室氣體盤查與數據管理，並定期追蹤減碳成果。 3.負責綠電接洽與採購。 4.規劃與執行專案型之採購，如辦公室裝修工程、辦公室／車輛租賃及相關硬體設備。 5.協助消防安全相關作業。 6.保全與門禁管理與維護。	不拘	1.具有產業相關節能推動經驗至少 2 年以上尤佳。 2.熟悉相關能源或環境管理系統，如 ISO50001、ISO14064 或 ISO 14001，具有上述相關主任／內部稽核證照者尤佳。
天仁茶業股份有限公司	公司治理專員	飲料製造業	1.導入國際永續相關標準，協助規劃公司ESG發展策略。 2.協助整合與編撰企業永續報告書、永續績效稽核確信作業。 3.協助各據點執行溫室氣體盤查／碳盤查作業。	執行法律文件及契約撰寫、環境影響聲明撰寫、執行公司設立變更相關作業、規劃、組織、指導及協調組織內部行政作業、專案規劃執行／範圍管理、專案溝通／整合管理、專	一、工作相關 1.熟悉與具備以下企業永續服務與 ESG 相關經驗： (1)公司治理／永續規劃。 (2)氣候變遷／能源相關管理。 (3)ESG 評比。 (4)永續報告書編

			4.協助董事會、股東會及功能性委員會會議資料。 5.負責公司治理評鑑相關事宜 。	案管理架構及專案說明、熟悉文件管制作業程序（DCC）、文件管理中心之建立與維護	製、發展及規劃。 (5)永續報告書第三方稽核。 2.對 ESG 有熱情與想法，具有豐沛的學習能力與好奇心。 3.協助董事會、股東會及功能性委員會會議資料。 4.負責公司治理評鑑相關事宜。 二、電腦技能 Word、 PowerPoint、 Excel 三、文筆流暢、有創意、規劃、溝通與執行等能力
臺虹科技股份有限公司	永續發展資深管理師	其他電子零組件相關業	1.規劃集團在國際及產業永續發展趨勢、法規分析與策略研擬。 2.建立集團數位碳管理，推動環境友善製程。 3.配合集團推動	不拘	具有 ISO14001 環境管理系統及 ISO14064 推動等經驗。 具ESG推動經驗者佳。 具有甲級類別環保專責人員證照

			ESG計畫，跨子公司專案溝通與合作。 4.擬訂與推動集團「聯合國永續發展目標（SDGs）」、ESG目標，並落實年度ESG報告書。 5.其他主管交辦事項。		者尤佳。
中鼎集團—中鼎工程股份有限公司	供應鏈管理工程師	建築及工程技術服務業	1.協助評核廠商資格、開發廠商與評估框架協議。 2.協助管理廠商資格及建議詢價名單。 3.協助規劃供應鏈相關ESG、CSR與淨零減碳計畫。 4.協助規劃以新科技／新技術應用於採購領域。 5.協助供應鏈系統之資料管理與維護。	不拘	1.能配合出差。 2.英文說寫閱讀流利（TOEIC 500分以上）。

動力安全資訊股份有限公司	ESG 策略與永續發展諮詢服務顧問	電腦系統整合服務業	1.協助客戶了解永續發展輔導、推動永續管理並提供建置或優化方案建議。 2.協助客戶碳管理相關建置或優化方案建議。 3.提供客戶各項永續發展諮詢服務與改善建議。 4.提供客戶永續績效稽核確信服務。 5.其他交辦事項——參與新服務開發，利用新工具研發方法論，持續學習並創新、分享知識予團隊成員，同時優化服務效率與流程——部門行政、行銷活動事務。	不拘	1.執行諮詢顧問專案。（顧問：應有能力了解和掌握客戶需求和期望，以專業和品質導向，領導團隊發展對應的工作與執行範疇）。 2.少量業務開發工作及對外活動規劃。 3.學習新專業領域並開發新服務。
配客嘉股份有限公司	商業開發部——永續專案經理	物品租賃業	1.依公司 ESG 策略目標，擬訂商業開發策略並與上市櫃公司提案並執行，達成業	專案成本／品質／風險管理、專案溝通／整合管理、品牌行銷管理、提案與簡報	1.業務／商業開發 1 年以上經驗，具備陌生開發能力。 2.具協調溝通能

			績目標。 2.有效完成簡報，執行具說服力的提案，吸引潛在客戶採用減碳服務或永續專案方案。 3.規劃及啟動服務專案，並協調跨部門（行銷、營運、設計）資源，在既定時程達成各階段任務。 4.開發企業減碳場景，有效轉換企業減碳需求及循環包裝通路結合，並穩定維繫客戶關係。 5.透過資源整合，並開發策略合作夥伴，並穩定維繫外部資源，共同提供永續方案。 6.整合公關及行銷相關資源，推行循環產業相關市場佈局。	技巧、行銷策略擬定、品牌知名度推廣、市場調查企劃與執行、市場調查資料分析與報告撰寫、業務或通路開發、業績目標分配與績效達成、業績與管理報表撰寫、產品介紹及解說銷售	力、邏輯思考、簡報技能及執行力。 3.具有企業ESG/CSR計畫執行、參與、報告經驗。 4.具有公關媒體相關經驗，並實際執行。

臺灣低碳有限公司	工程課—太陽光電工程師	光電產業	臺灣低碳事業單位工程專案（80%） 1.太陽光電系統規劃、設計及申請作業。 2.案場勘查、量測、效能評估與進度管理。 3.檢查廠商施工前之準備工作，依據施工狀況向分包廠商協商提出各項建議（如：施工方式之改進、施工程序之變更、施工機具之增減、施工人員數量及素質之改善、進場材料品質之改善、工地環境之清潔衛生、施工過程之安全措施等）。 4.管理並監督工程人員，控制工程的執行進度與施工品質。 5.進行進場材料	工地行政相關報表製作、工程協調與問題處理、監工日報表填寫、工地工程稽核與驗收、工程施工監督管理、工程管理-品質管理、工程驗收資料管理、電工圖識圖與繪圖	1.有太陽能案場實務經驗優先錄用。 2.會操作 autocad 2D 尤佳。 3.能識電工圖，有機電背景或熟悉配電施工者佳。 4.試用期滿依表現調薪，後續依能力不定期調薪。 5.如有開發新案場，另有開發獎金。 6.歡迎無懼高症、會開車的優秀人才加入公司行列。

			品質之點收、存放、使用查驗及結算。 6.審查與檢閱專案的規劃，以監控是否遵守建築、電工、安全法規和其他章程。 7.監測監控系統，隨時檢視電廠是否有異常，發電系統異常排除與維修。 8.專案相關資料統整及報告產出。 其他交辦事項與辦公室例行性維護事務（20%） 1.其他主管交辦事項。		
財團法人臺灣營建研究院	助理工程師	工商顧問服務業	1.協助營建管理以及土木相關計畫進行。 2.溫室氣體盤查──訪談輔導查核作業查核報告撰寫。 3.碳足跡盤查	不拘	未填寫

			—訪談輔導查核作業查核報告撰寫。		
安永聯合會計師事務所	【ESG策略與永續發展諮詢服務】永續顧問／資深顧問（高雄）	會計服務業	1.執行ESG品牌、活動視覺規劃、網頁等數位視覺設計。 2.協助提案PPT、平面設計製作與規劃。 3.協助企業制定永續策略並優化現行永續管理組織與管理機制、建立永續文化。 4.協助企業制定ESG品牌策略並與相關事務連接。 5.協助客戶導入各項國際準則，包括：TCFD、SASB、RBA、SBTi、赤道原則、責任投資原則、責任保險原則、責任銀行原則、機構投資人盡責守則等。 6.協助企業建立	專案人力資源管理、專案成本／品質／風險管理、專案時間／進度控管、專案規劃執行／範圍管理、專案溝通／整合管理、專案管理架構及專案說明、協商談判能力、品牌行銷管理、品牌知名度推廣、產品材料分析	1.了解Adobe Photoshop、Illustrator等平面繪圖軟體。 2.具團隊精神及良好溝通表達能力；對於永續發展／ESG議題有熱忱；主動積極、工作有效率且能獨立作業。 3.熟悉或有意願發展企業永續品牌相關作為。 4.熟悉或有意願發展企業永續優化之相關內容。 5.熟悉或有意願發展企業相關的再生能源領域法規、趨勢研究。 6.良好的專案管理能力。 7.擅長資訊收集分析，具撰寫優質報告能力。 —具以下經驗

			永續供應鏈及相關ESG管理程序優化。 7.協助企業編撰永續／企業社會責任報告書（CSR/ESG Report）。 8.其他工作事項： ──參與新服務開發。 ──利用新工具研發方法論，持續學習並創新、分享知識予團隊成員，同時優化服務效率與流程。 ──部門行政、行銷活動事務 9.服務項目如下： ──TCFD、SASB、碳策略分析、SROI、LBG、PRI、PSI、PRB。 ──環境、能源及氣候相關 ISO		者尤佳： * 對氣候相關財務揭露、SBTi、碳及能資源管理、企業ESG風險管理、企業環境相關的財務影響評估、國際供應鏈採購或稽核實務等具備經驗、熱忱和敏銳度。 * 執行企業經營管理分析、市場分析、品牌策略、風險分析專案之經驗。 * 具 TCFD、環境、能資源及氣候相關 ISO 或管理系統等相關證照。

			或管理系統、SBTi、內部碳定價。 ──永續服務：ESG/CSR 報告書、CDP、DJSI 及其他永續服務。 主要責任： 1.執行諮詢顧問專案。（資深顧問：應有能力了解和掌握客戶需求和期望，以專業和品質導向，領導團隊發展對應的工作與執行範疇） 2.少量業務開發工作及對外活動規劃。 3.學習新專業領域並開發新服務。		
安永聯合會計師事務所	【ESG 策略與永續發展諮詢服務】環境面永續顧問／資	會計服務業	協助企業制定永續策略並優化現行永續管理組織與管理機制、建立永續文化。 1.協助企業導入	專案人力資源管理、專案成本／品質／風險管理、專案時間／進度控管、專案規劃執行／範圍	1.具團隊精神及良好溝通表達能力；對於永續發展／ESG 議題有熱忱；主動積極、工作有效率

	深顧問（高雄）		環境、能源及氣候相關 ISO 管理系統（ISO 14064、ISO50001、ISO14067 等） —溫室氣體組織型／碳足跡等相關查驗及盤查輔導作業。 —溫室氣體專案型之查驗及輔導作業。 2.協助企業編撰永續／企業社會責任報告書（CSR/ESG Report）。 3.其他工作事項： —參與新服務開發。 —利用新工具研發方法論，持續學習並創新、分享知識予團隊成員，同時優化服務效率與流程。 —部門行政、行銷活動事務。	管理、專案溝通／整合管理、專案管理架構及專案說明、協商談判能力、改善及預防衛生品質與環境汙染、規劃實施勞工作業區域環境檢測、產品材料分析、環境改良作業規劃	且能獨立作業。 2.熟悉或有意願發展氣候相關財務數據化的研究。 3.熟悉或有意願發展國際供應鏈環境面要求的解決方案。 4.熟悉或有意願發展企業相關的再生能源領域法規、趨勢研究。 5.環境科學研究方法（包含質性與量化方法，LCA）。 6.良好的專案管理能力。 7.擅長資訊收集分析，具撰寫優質報告能力。 —具以下經驗者尤佳： *對氣候相關財務揭露、SBTi、碳及能資源管理、企業ESG風險管理、企業環境相關的財務影

			服務項目如下： ──TCFD、SASB、碳策略分析。 ──環境、能源及氣候相關 ISO 或管理系統、SBTi、內部碳定價。 ──永續服務：ESG/CSR 報告書、CDP、DJSI 及其他永續服務。		響評估、國際供應鏈採購或稽核實務等具備經驗、熱忱和敏銳度。 *執行企業經營管理分析、市場分析、風險分析專案之經驗。 *具 TCFD、環境、能資源及氣候相關 ISO 或管理系統等相關證照。
金像電子股份有限公司	環工部──環境工程管理師／助理管理師	印刷電路板製造業（PCB）	1.廢水操作查核／檢測／自動化 CWMS 管理與申報。 2.用水統計／申報／管理與異常追蹤。 3.空防治設備查核／申請／管理與改善。 4.毒化物使用管理與耗量申請。 5.廢棄物產出質&量分析／清運處理／查核申報。	不拘	1.具理工／化工／環工相關背景。 2.具汽車駕照。 3.具環保證照者佳。

			6.ISO14001 規劃／查核／執行。 7.碳／能／水資源統計分析與規劃管理。 8.ESG 規劃與執行。 9. 主管交辦事項。		
高齊能源科技股份有限公司	環境及能源助理工程師／工程師	空調水機電工程業	1.溫室氣體盤查。 2.能源管理。 3.碳足跡及淨零政策規劃。 4.配合主管臨時交辦事項。 5.輔導企業導入ISO 相關國際標準（含 ISO14001、50001、14064、14067 等）。 6.有以上相關經驗皆可。	不拘	未填寫
悠由數據應用股份有限公司	專案管理師／專案經理	其他專業／科學及技術業	1.負責 ESG、國際赤道原則、氣候或環境變化風險相關之規劃、執行與導入。 2.建立監控氣候或環境變化風險	專案時間／進度控管、專案規劃執行／範圍管理、專案溝通／整合管理、專案管理架構及專案說明、協商談判	1.熟悉專案管理流程及各種專案管理方法。 2.有 ESG 管理經驗或導入經驗、熟悉碳相關知識或計算，或具 IT

			相關對企業 ESG 之影響及因應措施。 3.碳中和、淨零碳、Re100 研究與規劃。 4.研究國際標準、法規及產業永續發展趨勢。 5.農業政府計畫提案與專案執行。 6.掌握專案需求，協調專案需要資源及驗收專案。 7.專案進度報告：定期對外／內進行專案報告。 8.專案規劃、專案簡報、專案相關文件等撰寫。 9.客戶溝通協調及對內跨部門協同合作。 10.公司系列產品開發規劃與設計，與研發團隊一同合作推進。	能力、具備財金專業知識、金融市場分析與資料蒐集	產業相關工作經驗。 3.良好溝通協調能力、團隊合作、積極主動、耐心細心等人格特性。 4.具獨立作業與團隊協作能力者優先。

日月光半導體製造股份有限公司	技術工程類──永續發展工程師──【高雄】	半導體製造業	1.跨廠區循環經濟規劃、推動與管理。 2.跨廠區低碳製程規劃、推動與管理。 3.綠建築、清潔生產、綠色工廠之導入規劃與認證申請。 4.碳盤查及碳管理相關制度導入、推動與管理（碳足跡、碳抵換、內部碳定價、碳中和……等）。	不拘	具企業營運持續管理系統、產品生命週期管理、溫室氣體管理、綠建築等企業永續發展相關工作經驗者尤佳
英富霖諮詢股份有限公司	主編（雙語編輯）	工商顧問服務業	1.負責編譯產出國際新聞稿。 2.挑選綠電、碳相關的國際新聞，並編譯成中文新聞及下標。 3.負責電子刊物製作流程以確保準時發刊。 4.校對月刊中文文章並協助編輯校對英文稿件。 5.透過分析工具	網站企劃能力、社群媒體經營管理、廣告企劃案／文案撰寫、新聞／報紙翻譯	1.具帶領團隊完成專案之能力。 2.具流利的英文表達能力。 3.對再生能源、綠電、碳足跡議題感興趣。 4.熟悉雜誌編務流程，能獨立完成採訪、編輯作業。 5.具兩年以上編輯經驗。

			觀察網站流量以提升網站經營效益。 6.此職務於第一次面談時將安排進行專業測驗。		
元科科技股份有限公司	環境工程師（高市溫室氣候變遷相關計畫）	環境衛生及汙染防治服務業	1.科學園區溫室氣體盤查作業。 2.碳中和平臺、碳資產管理等。 3.節能減碳宣導，低碳永續與社區輔導。 4.調適減緩等環境宣導規劃與辦理。	環境規劃與設計	具一年以上相關工作經驗佳
統一綜合證券股份有限公司	總務職安專案人員	證券及期貨業	1.建立並追蹤部門之日檢核表ISO14064 溫室氣體盤查規劃推動、訓練、執行、盤查及認證。 2.ISO14001 環境管理系統規劃推動、訓練、執行及認證。 3.其他職安衛、環境管理系統規	不拘	1.大學畢。 2.具二年以上專案工作經驗，能獨立作業者。 3.熟悉 office 作業軟體。 4.良好的溝通協調及整合能力。 5.具抗壓性、積極主動、責任感。 6.誠實與樂觀的工作態度。

			劃及導入。 4.職安衛、環境議題文案撰寫：永續報告書、年報、公司治理評鑑、信評、法說會等，需文筆流暢。 5.對職安衛、環境議題具敏感度，能蒐集分析資料、進行可行性評估。 6.「碳管理平臺」等環境管理系統規劃建置。 7.主管機關業務窗口，負責人、場地異動申報等。 8.供應商考核。		7.願接受新事物挑戰及具有創新思維。 8.具備 ESG 環境管理面規劃及執行 2 年以上經驗。 9.有溫室氣體內部查證人員資格。 10.具甲種職業安全衛生主管證照。 11.具乙級職安衛管理人員證照佳。
統一超商股份有限公司	統一超商行政服務規劃專員	百貨相關業	1.確保大樓各項設施設備維運正常並即時維護。 2.推動 ESG 節能減碳專案。 3.規劃舒適的辦公環境。 4.完成主管交辦事項。	不拘	1.大學工程學系畢業。 2.工程實際作業背景（具執照尤佳）。 3.熟悉商辦大樓設備管理。 4.認真負責／假日可值班。

菁華工業股份有限公司	企業永續發展管理專案經理	紡織成衣業	1.統籌並推動ESG 專案或活動。 2.掌握、分析永續發展趨勢及相關法規。 3.制定關鍵績效目標，共享知識並支持每個部門。 4.與利益關係人溝通，確保企業部門共享與支持永續發展。 5.減碳溯源，擬定並執行公司碳中和目標。 6.規劃執行 CSR 企業社會責任。 7.推動並落實SDGs 聯合國永續發展目標。	不拘	（一）（軟硬）技能 問題解決力、溝通／敘事能力與合作能力。 具備策略性思考，並掌握大趨勢即刻做調整。 （二）經驗 跨行業或跨地區市場的永續相關專業知識為佳。 具備口條清晰且能夠激發和推動變革的溝通能力。 具備與不同組織跨領域合作、共創的能力。 （三）性格、特質 具備強大的業務敏銳力及領導性格，與人搭建良好關係之能力。 具備適應力強且開放外向足以廣納各方意見與聲音之特質。 （四）（潛在）

					驅動力 對於解構「複雜的問題」能燃起征服慾望。 對「永續發展」議程富有熱忱與強大使命感。
大江生醫股份有限公司（TCI CO., Ltd）	ESG 管理師（董事長室——投資人關係暨永續發展部門）	生化科技研發業	1.熟悉各永續評比（Sustainalytics, MSCI, FTSE……等），並以不同方法學規劃企業永續藍圖。 2.負責 ESG 及 CSR 年度規劃及執行。 3.熟悉各方法學，負責撰寫及編訂企業社會責任報告書，年度永續報告書，及其他資訊揭露。 4.年度永續及企業社會責任、企業公民等報獎規劃，並撰寫相關報告書。 5.研究企業社會責任與永續經營	不拘	1.有行銷工作經驗者優先錄取。 2.善於溝通協調及人際交往。 3.思考靈活，正向樂觀，積極主動。 4.結果導向樂於學習。 5.精準的英文溝通能力。

			之重大議題，提供改善建議與精進方案。 6.於能源法規、碳供應鏈、永續環境、氣候變遷、節能減碳、社會影響力等領域，有相關經驗與實績。 7.彙整與研究，國內外公開發行公司之CSR永續經營等相關資料。 8.負責接洽及拜訪相關綠能產業並適當導入企業永續發展藍圖。 9.大江生醫永續自媒體經營。		
攸泰科技股份有限公司	ESG 永續管理師	電腦軟體服務業	1.協助擬定並推動公司 ESG 策略。 2.推動公司溫室氣體盤查、制定節能減碳及配合外部查證作業。 3.回應第三方問卷有關於節能減	專案規劃執行／範圍管理、專案溝通／整合管理	1.具 Office 軟體使用能力（簡報、Teams）。 2.ESG 利害關係人溝通經驗。 3.具永續管理師證照佳。 4.具 3 年以上 ESG 業務推動、

			碳、再生能源、氣候變遷與CSR、RBA相關議題。 4.協助各部門推動ESG專案之執行、管理、問題追蹤及解決。 5.分析永續發展趨勢及相關法規變動。 6.主導ESG永續報告書編輯。 7.執行指定其他ESG相關工作。		委員會運作經驗。
友順科技股份有限公司	品質系統資深工程師	半導體製造業	1.協助品質系統推行，並協助系統的稽核，以確保ISO系統實施的有效性。 2.ISO文件：1~4階維護／年度管審會、內部稽核事宜／年度外部稽核與客戶稽核事宜。 3.DCC相關作業執行。 4.產品符合法規及客戶需求的綠	不拘	1.熟悉國際綠色環保認證如：GP/RoHS/REACH/JFPSSI/WEEE/EuP/16949……等法規。 2.有國際大廠綠色環保應對經驗者佳。 3.有綠色環保相關供應商管理與客戶問題回覆經驗。 4.熟悉ISO9001、ISO14001、

			色產品與環保法規文件。 5.歐盟 RoHS, WEEE,EuP 等國際法規收集／綠色產品。 6.綠色產品政策推展及流程規劃／產品碳足跡活動推行／客戶要求標準執行。 7.協力廠 BOM 收集、彙整、審查、承認。 8.繪製工程圖面（產品、打帶、紙箱……等）。 9.PCN/ECN 資料彙整，審查（變更內容／驗證資料／可靠度資料／切換時間與產品識別）。 10.客戶承認書製作／環保、品質合約審查（綠色產品與環保法規）。 11.QPL 資料彙整／審查。		QC08000、車規、IMDS、IECQ……等系統者尤佳。 5.具有封裝工程經驗。 6.內部稽核證書。

			12.主管交代事項。		
光宇工程顧問股份有限公司	溫室氣體主任查證員	環境衛生及汙染防治服務業	1.主導溫室氣體盤查／查證工作執行。 2.執行溫室氣體減量計畫。 3.碳資產管理服務與規劃。 4.其他相關工作。	不拘	1.需具備以下條件擇一： (1)二年以上環境保護或管理、能源技術或管理、職業安全衛生、風險管理、品質管理等有關的檢測、工程設計、輔導諮詢或查驗經驗。 (2)二年以上環境保護或管理、能源技術或管理、職業安全衛生、風險管理、品質管理等有關標準或法令訂定、修正或審定經驗。 (3)通過國家環境保護或管理、職業安全衛生或品質管理等相關技能檢定合格。 2.需具備 ISO 14064 主導查證員培訓證書且具主導查證實績。

					3.具環保署登錄者尤佳。
環興科技股份有限公司	資深環境專案工程師（氣候變遷與淨零調適）	電腦軟體服務業	協助政府及國內外企業，依據溫室氣體環保法規與國際間氣候變遷與淨零碳排政策，規劃並建立溫室氣體盤查工具，以及氣候變遷環境大數據整合平臺。工作範疇不需要撰寫程式，而是以專案執行及顧問服務為主，並參與工具或系統平臺之規劃，輔助客戶專案計畫之管理與推進。	不拘	1.環境相關系所畢業，熟悉國內外溫室氣體環保法規、政策研析與相關淨零碳排、碳足跡及碳排放計算……等。 2.曾參與企業或政府組織相關溫室氣體盤查與減量工作、氣候變遷風險評估、企業社會責任……等計畫，且曾擔任 PM 者尤佳。 3.主動積極，溝通能力佳，抗壓性高，有責任感。 4.熟報告書編撰與簡報製作。 5.有資訊基礎，且具備環境資訊系統開發需求規劃經驗，或有興趣者尤佳。

欣美實業股份有限公司	iso 文管	其他金屬相關製造業	1.協助建立 ISO 資料。 2. ISO 9001、14001、13485 等認證制度。 3.協助水足跡、碳足跡等認證制度。 4.協助 ESG 認證制度。 5.主管交辦事項協助。	不拘	未填寫
大云永續科技股份有限公司	永續管理師（臺北）	電腦軟體服務業	1.調研國際及產業的永續標準、倡議、政策、法規及趨勢。 2.執行企業永續發展專案。 ──依循 GRI、SASB、TCFD 等編製永續報告書。 ──輔導組織溫室氣體盤查（ISO 14064-1）、產品碳足跡（ISO 14067）。 ──導入氣候變遷財務資訊揭露 TCFD。	不拘	完成「2022 數位通才超速養成」課程並取得 VUE 認證可獲得優先面試機會

			—設立科學基礎減碳目標SBTi。 —回覆 CDP、DJSI……等 ESG 評比問卷。 —建立永續採購、供應鏈管理機制。 3.協助企業導入「大云永續雲平臺」。 4.具備 ISO 國際證照者尤佳，如 ISO 14064-1、ISO 14064-2、ISO 14067、ISO 14001、ISO 50001、ISO 20400、ISO 26000、PAS 2060。		
友順科技股份有限公司	品質系統主管	半導體製造業	1.負責維護公司 ISO 品質體系，主導內部稽核活動及外部認證（中英文）。 2.建立及管理產品相關圖面系統。	規劃並執行品質管理系統	1.擁有 ITAF16949:2015 主導稽核員證書或內部稽核員證書佳。 2.電子相關產業 ISO 稽核相關經驗及客戶稽核應對（中英文）經

			3.負責公司綠色產品以及各項環保要求資料系統管理與維護及環保合約審核、各項環保法規收集update。 4. 負責公司PCN/EOL 等文件系統及管理，必要時更新以及建立管理制度。 5.負責產品國際安規的評估以及委外送測等計畫。 6.協助客戶承認文件的製作及問題回覆（The best is helping todesign a easy system for company internal using）。 7.新封裝或外包之新封裝廠資料收集及驗證系統建立與維護。 8.協助客戶品質要求等相關合約		驗 3 年以上。 3.具備 RBA/CSR/IATF16949/SONY GP 等大廠與國際規範要求以及應對經驗。 4.懂 ROHS/REACH／衝突礦產／碳足跡／水足跡等。 5.能夠熟練運用CPK、SPC 及QC 七大手法、FMEA 等工具，具相關產業經驗者尤佳。 6.有半導體可靠度驗證（JEDEC/AECQ）經驗尤佳。 7.具溝通協調及團隊合作能力。 8.抗壓性強可獨立工作。

			審核及跨部門意見整合。 9.其他主管交辦事項。		
固鋼興業有限公司	ESG 永續專員／產品 PM	綜合商品批發代理業	1.一起跟公司做碳足跡盤查。 2.綠電憑證購買。 3.每月一 ESG／公益專案。	不拘	未填寫
工研院──財團法人工業技術研究院	工研院綠能所──住商淨零節能研究員(G400)	其他專業／科學及技術業	1.住商淨零政策規劃與推動。 2.住商用電資訊分析研究。 3.用電消費與行為分析研究。 4.住宅節電策略研擬。	不拘	1.碩士（含）以上，能源經濟、公共經濟、統計分析、自然資源與環境管理、公共政策等相關系所。 2.有能源經濟、統計分析、政策及策略規劃等專長，或從事調查、統計及分析研究工作，或您對淨零綠領工作深具熱情者。 3.具細心、樂觀的、有耐心、積極主動特質。 4.請檢附相當於

					TOEIC 650 分之英語測驗成績證明，如無法提供，將安排參加本院英文檢測。
SGS_臺灣檢驗科技股份有限公司	【ESG 擴大徵才】能源管理稽核員（臺北）	檢測技術服務	1.能源管理系統稽核作業。 2.水資源管理系統稽核作業。 3.永續經營相關查驗證產品之協助開發與專案管理。 4.後續資格延伸：溫室氣體查證／碳足跡／水足跡查證。	不拘	1.大學以上學歷，電機及機械或冷凍空調相關科系畢業尤佳。 2.具二年以上工廠廠務運作實務經驗。 3.具備能源診斷經驗。
大云永續科技股份有限公司	【委任契約人員】永續委任顧問（全國適用）	電腦軟體服務業	1.調研國際及產業的永續標準、倡議、政策、法規及趨勢。 2.執行企業永續發展專案。 —依循 GRI、SASB、TCFD 等編製永續報告書。 —輔導組織溫室氣體盤查	不拘	此職缺雇用性質為委任制、論件計酬、無勞健保，謝謝。

			（ISO 14064-1）、產品碳足跡（ISO 14067）。 —導入氣候變遷財務資訊揭露 TCFD。 —設立科學基礎減碳目標 SBTi。 —回覆 CDP、DJSI……等 ESG 評比問卷。 —建立永續採購、供應鏈管理機制。 3.協助企業導入「大云永續雲平臺」。 4.具備 ISO 國際證照者尤佳，如 ISO 14064-1、ISO 14064-2、ISO 14067、ISO 14001、ISO 50001、ISO 20400、ISO 26000、PAS 2060。		

新日興股份有限公司	【行政／管理】企業永續發展管理師（ESG/CSR）	電腦及其週邊設備製造業	*環境面人員需求： (1)執行集團溫室氣體盤查（ISO 14064），完成年度外部查證作業。 (2)規劃公司碳管理策略。 *共同需求： (1)國內、外企業永續／ESG 資訊蒐集與研析。 (2)整合與編撰 ESG 報告書。 (3)撰寫與整合 CSR 參獎與相關永續評比。	不拘	1.具團隊精神及良好溝通表達能力。 2.具永續管理相關證照或協助企業推動永續發展經驗尤佳。 3.環境面具 ISO 執行、能源管理、氣候相關風險評估 TCFD、SBT 或相關永續評比經驗尤佳。
社團法人臺灣綠色公民行動聯盟協會	永續發展議題研究員	工商顧問服務業	✦ 國內外永續發展趨勢蒐集與研析。 ✦ 蒐集研析國內外高碳排產業淨零排放規劃與策略。 ✦ 分析國內企業永續轉型現況。 ✦ 企業永續相關內容倡議與政	不拘	✦ 認同本會理念，且對氣候、能源、永續發展等議題有高度興趣。 ✦ 需具備中上英文閱讀與溝通能力。 ✦ 需具備新聞稿、投書等文字撰寫能力。 ✦ 有環境、人文

			策法規溝通。 ✦ 協助產業轉型專案計畫執行、撰寫報告、召開記者會等。 ✦ 其他庶務及交辦事項。		社會、永續發展等相關科系、學程或工作經驗者佳。
財團法人臺灣產業服務基金會	環境研究員	工商顧問服務業	從事節能減碳、汙染防治、產業永續發展、資源回收等相關議題之── 1.協助專案計畫執行、策略分析、資訊研析、報告撰寫、簡報製作。 2.協助各項改善專案之推動與時程控管。 3.諮詢輔導、溝通聯繫等事務。 4.資料蒐集、分析、彙整。 5. 協助計畫競標。 6. 臨時交辦事項。	不拘	機靈反應快、文筆佳、邏輯性強。

華城重電股份有限公司	—環安人員—任職6個月留任獎金6000元~最高可領到18000元	電力機械器材製造修配業	1.廠區環保相關（空、水、廢、毒）相關法定許可申請，文件撰寫／送審／定期檢查。 2.廢棄物、廢水、空汙費、土汙費環保相關申報作業。 3.溫室氣體盤查／碳足跡系統維護。 4.環保相關稽核應對。 5.主管交辦任務。	協助ISO／OHSAS與環保相關認證工作、廢棄物管理與申報處理	未填寫
萬寶華企業管理顧問股份有限公司	ESG顧問-202AC	人力仲介代徵	1.協助客戶了解永續發展輔導、推動永續管理並提供建置或優化方案建議。 2.協助客戶碳管理相關建置或優化方案建議。 3.提供客戶各項永續發展諮詢服務與改善建議。 4.提供客戶永續績效稽核確信服	不拘	未填寫

			務。 5.其他交辦事項 ──參與新服務開發，利用新工具研發方法論，持續學習並創新、分享知識予團隊成員，同時優化服務效率與流程。 ──部門行政、行銷活動事務。		
臺灣經濟新報文化事業股份有限公司	ESG 專案資料分析──副研究員	工商顧問服務業	1.研究各類 ESG 相關議題，具自學新知識的能力，對 TCFD、PCAF 在金融上的應用。 2.執行 ESG 金融專案（NDB 及客製化專案）。 3.閱讀企業揭露之永續報告書，協助資料加值與新產品開發。 4.具備 Python、SQL 能力尤佳。	財務報表分析	ISO-14064 碳盤查查證師認證、ISO-14067 碳足跡查證師認證、ESG 碳管理師認證尤佳
宇智顧問	（農業創新與永續	工商顧問	1.資料研析與專案撰寫。	不拘	1.具備企業顧問或輔導相關經驗

股份有限公司	能源部門）助理研究員	服務業	2.規劃企業永續發展減碳方案進行。 3.其他主管交代事項。		者尤佳。 2.擅長資料搜尋、能快速吸收新知識。 3.工作秉持積極學習並有責任感態度具良好溝通能力。 4.有高度協調性及配合度並能獨立及團隊合作能力。
財團法人臺灣產業服務基金會	節能工程師	工商顧問服務業	1.收集國內外節能減碳政策、技術與案例等資訊。 2.節能減碳技術輔導與諮詢服務。 3.耗能設備現場量測（含掛電表、冰機量測、電力分析、鍋爐燃燒效率等量測）。 4.ICT 數據分析、監控。 5.協助計畫書、成果報告撰寫，及負責說明會、	不拘	1.主動積極、邏輯／文字編輯能力強、溝通協調能力佳者優先考量。 2.具備顧問業經驗者佳。

			訓練課程、成果發表會辦理事宜。 6.協助產業、學校、社區節能診斷及改善作業。		
資策會──財團法人資訊工業策進會	【MIC】前瞻產業研究組──兼職研究助理	電腦軟體服務業	1.協助次級資料蒐集、研究圖表繪製、企業案例資料蒐集等。 2.研究主題如：智慧醫療、數位轉型、元宇宙、ESG 與淨零碳、智慧城市等。 3.對於科技管理、科技評估有興趣者佳。 4.其他臨時交辦事宜。	不拘	1.請提供履歷與中文自傳，若有外語能力證明、其他工作經歷說明更佳。 2.大四生、研究所在學學生或具碩士學位者為佳。 3.每週可工作至少 2 日以上並可持續至少半年以上為佳。 4.需熟悉 Word、PowerPoint、Excel 操作。 5.竭誠歡迎對學習產業分析有興趣者。
信義開發股份有限	環境永續部經理	不動產經營業	1.ESG 永續發展專案推進整合與規劃。 2.ESG 倡議跨產	不拘	1.有企業推動 ESG 永續發展經驗為佳。 2.創新，邏輯

公司			業串聯、產學合作。 3.ESG 結合年度品牌主軸發展協助規劃與執行。 4.撰寫永續報告書。 5.具永續管理相關證照或協助企業推動永續發展經驗為佳。		佳，善於溝通協調與整合。 3.具專案管理能力及策略規劃能力，能獨立完成專案。 4.具備營建／建築／環工背景相關經驗佳。
欣展工業股份有限公司	研發工程師（高分子材料）	塑膠製品製造業	1.新材料的評估、測試、分析與選擇，制訂新產品檢驗標準。 2.跨部門合作專案執行（材料開發、製程開發）。 3.研讀各項材料相關測試標準、蒐集綠色環保／永續再生材料之法規訊息。 4.協助 ESG 相關準則導入規劃（碳中和、碳盤查等等）。 5.推動節能減碳新技術開發及執行。	不拘	未填寫

汎可有限公司	ESG 永續高級專員	綜合商品批發代理業	1.協助企業建立永續發展機制、推動永續方案實施，建立企業永續發展文化。 2.執行企業永續發展相關專案（包括永續報告書、ESG 評比、B Corp 企業認證、氣候治理導入、永續金融、永續供應鏈管理等）。 3.蒐研國際及產業永續政策、法規及趨勢。 4.執行品牌客戶永續材料的管理與認證作業。 5.參與客人永續產品建議案以及提案會議。 6.公司永續材料&產品資料搜尋、追蹤、整合與碳足跡計算。 7.內部永續教育活動規劃推動與執行。	專案時間／進度控管、專案規劃執行／範圍管理、專案溝通／整合管理、協助 ISO／OHSAS 與環保相關認證工作、化學分析能力	1.具備資料整理能力及人際互動技巧。 2.具備獨立掌控專案進行之能力。 3.精通英文聽說讀寫。 4.對環境、社會責任議題（CSR、ESG）各項議題有高度興趣。 5.具備社會趨勢觀察能力。 6.工作地點：臺中 ro 臺北皆可（需可短期出差）。

森崴能源股份有限公司	綠能業務專員（雲林）	光電產業	1.開發綠能土地，拓展市場，達成業績目標。 2.拜訪固定客戶，推展太陽能光電，提升顧客滿意度。 3.傳達企業理念，說明公司業務訊息，活動及產品，教育人員行為規範。 4.建立團隊合作觀念，對目標完成有高度企圖心。 5.綠能減碳，保護地球，有高度使命感。 6.無經驗可，公司培訓。 7.具高額獎金。	業務或通路開發、業績與管理報表撰寫、客戶情報蒐集、產品介紹及解說銷售	歡迎具工作熱忱、勇於挑戰自我的您加入！
亞太環境科技股份有限公司	環境工程人員（溫減）	環境衛生及汙染防治服務業	1.溫室氣體減量、低碳永續家園、環境教育相關專案工作執行。 2.專案計畫管控、溝通協調、撰寫報告、簡報	不拘	未填寫

			製作。 3.具相關工作經驗佳。 4.工作地點：依公司專案需求指派，全國各地。		
藝珂人事顧問股份有限公司	（美商／薪資福利佳／高年終 Bonus 依績效可達 6~8m/三節／免費午餐）EHS Supervisor /Manager HCS_1166	人力仲介代徵	1.領導並管理 EHS 團隊，同時發展並執行安全衛生政策、程序。 2.帶領 EHS 團隊調查和督導各級工作場所之安全事故，安全衛生，職業災害，投訴並落實改善計劃。 3.規劃公司環境永續發展，包含碳足跡、水足跡、溫室氣體盤查。 4.提升公司安全文化與員工安全意識，鑑別工作危害並提出改善計畫。 5.承攬商協議組織的運作與管	不拘	1.五年以上第一類高風險事業職安管理經驗。 2.熟悉並有維護 ISO 14001 及 45001 系統之經驗，ISO45001 或 14001 主導稽核員尤佳。 3.英文中等以上（會議，report 給 GM）。 4.推動製程安全評估與製程安全管理經驗，製程安全評估人員證照尤佳。 5.防火管理人證照，有緊急應變經驗者尤佳。 6.安全衛生法律的充足知識與應對主管機關的能力。

			理。 6.依據國際標準建立及實行環境、安全與衛生管理系統。 7.管理各式安全相關文件並監控更正措施。 8.年度 EHS 預算的制訂及維護。 9.觀察安全相關培訓的效果，分析安全相關培訓的需求及在職人員安全衛生教育訓練執行。		7.具備基本文書能力。
艾鉅有限公司	環安能源工程師	綜合商品批發代理業	1.管理並妥善運用廠內水資源（雨水回收系統）。 2.管理廠內電力能源使用狀況。 3.管理碳足跡，進行節能減碳之優化。 4.廠內環境改善（ex：噪音、空汙、溫度……等）之解決方案。	申請空汙、廢水、廢棄物等許可證、改善及預防衛生品質與環境汙染、執行安全衛生督導及稽核、規劃、維護保養廢棄物排放系統、擬定各項安全衛生管理辦法	有環安相關證照者尤佳

亞東預拌混凝土股份有限公司	技術研發人員	建築工程業	1.負責混凝土減碳、原料規劃與資源再利用等工作項目。 2.蒐集國內外混凝土減碳資訊與資料建立。 3.蒐集國內外礦冶資訊與資料建立。 4.新材料、機械設備等研究開發。	不拘	未填寫
財團法人臺灣綜合研究院	【碩士】產業經濟分析與政策規劃研究人員2	其他教育服務業	1.協助執行委託研究計畫，以能源經濟、產業趨勢、市場動態、新興科技發展、減碳與淨零排放、法規適用與調整為主要分析內容。 2.大學或研究所階段主修為經濟、能源、環境或法律等相關領域，具獨立思考、整合資訊能力與團隊合作精神，對研究工作	申請與執行研究計畫、撰寫研究報告與論文	未填寫

			有興趣，能流暢撰寫研究報告與正確閱讀英文文獻。 3. 工作環境穩定，並提供持續學習空間與完整升遷制度，適性安排工作項目。		
銳思碳管理顧問股份有限公司	資深環境永續工程師 Senior Environmental Sustainability Engineer	工商顧問服務業	負責輕工業工廠（以染整工廠為主）的能源審計工作，評估工廠用能用水現狀並提供提升能效建議。 ──後期跟進節能項目，從技術方面給合作工廠提供支援。 ──獨立和客戶溝通，充分了解客戶需求，工作品質滿足客戶要求。 ──獨立在工程團隊以及客戶之間做好協調，專案高品質按期完工。	不拘	·有3-5年或以上的工業方面稽核經驗。 ·需具備最基本的電氣和傳熱學知識，通過查閱參考資料可進行簡單計算。 ·熱能與動力工程、機電工程、機械與自動化等專業背景。 ·具有染整工業背景優先考慮。 ·了解工廠內工業動力設備，空壓機、鍋爐、汙水處理、風機、水

			—需要在臺灣地區短期出差。		泵等運行原理。 ·能熟練使用Word、Excel、PPT軟體進行報告編寫和計算。 ·有較強的溝通協調能力，能獨立與客戶溝通。 ·擁有CEM國際註冊能源管理師或了解ISO 14001以及ISO 50001者優先考慮。 ·可順暢的以英文Email直接溝通；並可以以英文進行口語溝通者優先考慮。
財團法人中衛發展中心	H4-綠能產業企劃	工商顧問服務業	1.綠能產業政策推動因應。 2.負責專案工作進度管理及協調，並掌握相關計畫推動狀況。 3.辦理與參與專案相關會議，含	不拘	1.國內外能源、光電、電機、機械、冷凍空調、化工、環工相關研究所畢業。 2.良好溝通與報告架構規劃能力、具備邏輯思

			製作會議相關文書資料。 4.能源科專推動及其它配合之工作項目、交辦事項。		考與解決問題能力，認真負責有熱忱、抗壓性與執行力強、開放、具團隊合作能力與強烈企圖心。 3.具綠能、節能、碳足跡計算、淨零排放等產業推動相關工作經驗，具執行相關領域政府計畫或擔任智庫經驗者尤佳。 4.熟悉 office 軟體，能製作簡報、撰寫計畫書或報告。 5.具企劃和執行能力中英文聽說讀寫流利，且能配合出差。 6.溝通能力佳、做事細心敏捷、主動積極、認真負責、反應快、配合度高。 7.有效率完成主管交辦事項、團

					隊合作及勇於接受挑戰。 8.外語能力依中心規定。
臺北市電腦商業同業公會	專案企劃副規劃師—數位科技推動中心	會議展覽服務業	1.負責淨零碳排政府專案之行銷企劃、廠商輔導與補助推動。 2.具備跨業合作推廣，國內外行銷合作文案規劃與執行能力。 3.協助推動產業聯盟，掌握業者需求據以規劃與執行國內外市場拓展作業。 4.具公關、活動、媒體公司或政府專案規劃執行經驗者尤佳	異業合作規劃與執行、提案與簡報技巧、實體活動規劃與執行、網路活動規劃與執行、研討會／講座活動規劃與執行、行銷宣傳預算編製與控管、行銷策略擬定、社群媒體經營管理、廣告企劃案／文案撰寫	具跨部門溝通協調能力及團隊合作精神。 具備政府專案執行經驗者尤佳。
光寶科技股份有限公司	LEOTEK—永續綠色產品工程師	消費性電子產品製造業	1.產品有害物質管理。 2.永續供應鏈活動。 3.組織溫室氣體管理。 4.產品碳足跡管理。	專案成本／品質／風險管理、改善及預防衛生品質與環境汙染	熟悉 IECQ QC 080000 / ISO 14064 / ISO 14067 系統。 熟悉 RBA 行為準則稽核／GRI 通用準則規定。

			5.企業永續報告書。		
Phison Electronics Corp_群聯電子股份有限公司	環安衛工程師	IC 設計相關業	1.規劃與推行 ISO14064 系統相關業務。 2.製程作業變更安全評估及建立。 3.緊急應變規劃及建立。 4.承攬商管理及廠區巡檢安衛風險改善計畫。 5.能源 KPI 訂定及 ESG/DJSI 相關統計及建立。 6.協助節能減碳專案及ESG永續發展專案。 7.參與 CDP 碳揭露計畫及減碳計畫。 8.協助規劃與推行 AEO & RBA & BCP 系統相關業務。 9.供應商及客戶問卷回覆。 10.其他主管交辦工作。	不拘	1.熟悉國內外消防／環保／安全／衛生相關法規。 2.具職業安全衛生管理員／師證照。 3.具環保相關證照者佳。

森崴能源股份有限公司	綠能業務專員（彰化）	光電產業	1.開發綠能土地，拓展市場，達成業績目標。 2.拜訪固定客戶，推展太陽能光電。 3.傳達企業理念，說明公司業務訊息，活動及產品。 4.具備團隊合作觀念，對目標完成有高度企圖心。 5.對綠能減碳，保護地球，有高度使命感。 6.無經驗可，公司培訓。 7.具高額獎金。	業務或通路開發、業績與管理報表撰寫、客戶情報蒐集、產品介紹及解說銷售	歡迎具工作熱忱、勇於挑戰自我的您加入！
丁守企業股份有限公司	永續發展專案人員	鞋類製造業	1.協助企業國內、外事業部建立永續發展機制、推動節能減碳方案，使公司持續達成ESG指標。 2.執行企業永續發展相關專案認證 （包括 ISO	不拘	未填寫

			認證與國際品牌專屬認證）。 3.了解國際及產業永續政策、法規及趨勢。 4.執行上層主管交辦之專案或稽核。		
新光紡織股份有限公司	ESG 企業永續發展助理	其他紡織業	1.協助認證事務資料收集與彙整（如：ISO14064）。 2.碳管理相關法規與資料蒐集整理。 3.企業 ESG 專案規劃與執行。 4.主管交辦事項。	不拘	1.具認證相關經驗尤佳。 2.具相關證照優先錄取。
東鴻環保顧問有限公司	環境工程師／助理工程師（臺中）	環境衛生及汙染防治服務業	1.環保許可文件（空、水、廢、土汙等）文書撰寫、送審、溝通協調及追蹤監督等工作。 2.政府機關專案計畫或事業單位專案申請書執行及計畫書（報告書）撰寫（如環	申請空汙、廢水、廢棄物等許可證、改善及預防衛生品質與環境汙染、協助 ISO／OHSAS 與環保相關認證工作、清除災害防止處理、規劃、維護保養廢棄物排放系統、廢棄	1.環境工程相關科系畢業者尤佳。 2.需具小型車（汽車）駕照，以利配合工作需求出差勘查。 3.如具備各類環保專業證照者為佳。 4.應具備 Office

			境影響評估、環評監測報告、用水計畫、興辦事業計畫等等）。 3.協助執行企業溫室氣體盤查（碳盤查）、碳權申請等相關工作。 4.配合工作或專案計畫工作需求，製作簡報並出席審查會，並負責會後審查意見彙整及修正。 5.提供給客戶環保領域專業法令分析、風險鑑別、最佳解決方案之顧問諮詢服務。	物管理與申報處理	編撰能力。 5.口齒清晰、具溝通能力，協助與業者之窗口事宜。 6.不懂發問肯學習、負責、主動積極、抗壓性高。 7.專人帶領，定期教育訓練。
森崴能源股份有限公司	綠能業務主管（雲林）	光電產業	1.帶領團隊開發綠能土地，拓展市場，達成業績目標。 2.協助業務人員拜訪固定客戶，推展太陽能光電，提升客戶滿意度。	業務或通路開發、業績與管理報表撰寫、客戶情報蒐集、產品介紹及解說銷售	歡迎具工作熱忱、勇於挑戰自我的您加入！

			3.傳達企業理念，說明公司業務訊息，活動及產品，教育人員行為規範。 4.建立團隊合作觀念，對目標完成有高度企圖心。 5.綠能減碳，保護地球，有高度使命感。 6.具太陽光產業相關工作經驗 3 年以上。 7.具高額獎金。		
長慧環境科技有限公司	專案工程師（花蓮）	其他專業／科學及技術業	歡迎具備節能減碳、氣候變遷、環境教育相關專案經驗、可配合出差者。	不拘	有團隊合作理念者為佳。
亞太環境科技股份有限公司	【臺北】專案工程師（溫減）	環境衛生及汙染防治服務業	1.環境教育。 2.低碳永續家園。 3.活動宣傳行銷。	不拘	未填寫

財團法人塑膠工業技術發展中心	碳盤查管理顧問師 L9	工商顧問服務業	1.負責國際淨零碳排議題資料蒐集。 2.負責國際淨零碳排計畫與專案內容選寫。 3.執行溫室氣體盤查、產品碳足跡計算輔導。	不拘	1.大學以上學歷。 2.具外文聽說讀寫能力為佳。 3.具溫室氣體盤查、產品碳足跡計算輔導。
臺灣矽力杰科技股份有限公司	溫室氣體管控專員	光電產業	1.具編製 ESG 永續報告書實務經驗，熟悉相關國際規範。 2.熟悉碳管理、碳權交易、循環經濟、再生電力、水與廢棄減量與管理之專案管理能力。 3.全球碳議題了解並具備其相關計算能力。 4.具節能、智慧大樓、碳盤查等經驗。 5.熟悉 ESG, RE100, Renewable energy, CFP, ISO14001,	不拘	未填寫

			ISO50001, ISO14067, ISO14064。		
太平洋電線電纜股份有限公司	品管工程師（楊梅廠）	電力機械器材製造修配業	1.品質管理與環境管理系統之推動。 1.1 品質管理與環境管理系統制度之規劃與推動。 1.2 系統內的稽核工作之推動、執行。 1.3 配合外部認證機構對本公司實施稽核作業之執行。 1.4 品質管理及環境管理系統文件之制定與管理。 1.5 協助品質管理與環境管理有關之教育訓練活動。 1.6 淨零排放、碳足跡（ISO14067系統）之規劃與推動。 2.品質管理與環	不拘	1.具備 ISO14064 或 ISO14067 系統推動工作者尤佳。 2.個性樂觀、活潑、外向、主動積極。 3.對不明確的工作具備挑戰自我的意願與想法。 4.具溝通協調能力、整合規劃／創新改善能力。 5.無色盲或色弱。

			境管理系統與其他管理系統之整合／管理工作。 2.1 工廠管理系統作業之推動。 2.2 連結相關管理系統需求支轉換、推動。 2.3 重要專案之參與協助。 2.4 ESG 推動配合事項。		
貝爾國際驗證股份有限公司	溫室氣體排放查證（GHG）國際稽核員	工商顧問服務業	1.ISO 14064 溫室氣體盤查。 2.培訓為溫室氣體盤查課程講師及技術服務顧問。	不拘	1.大專以上理、工科系畢業或具同等學歷者，英文流利，熟悉高能源消耗與高碳排放的產品與製程，同時具備下列工作資歷： 二年以上環境管理、能源管理、職業安全衛生、風險管理、品質管理等有關的諮詢、盤查、稽核或法規修訂經驗。 通過國家環境保育與職業安全衛

					生相關技專檢定合格尤佳。 2.放眼未來、實現自我、高薪穩固的國際化職涯良機、全職或兼職均可。 3.可依居住地於臺北或桃園上班。 4.具備 ISO14064 查證員培訓證書尤佳。
鉅鋼機械股份有限公司	專案人員（協助推動 ESG）	電力機械器材製造修配業	1.參與 ESG 團隊專案進行並協助專案彙整與溫室氣體盤查／碳盤查作業。 2. 協助申請 ISO14064、ISO50001 及其他專案數據、資料彙整、時程安排及管理、處理交辦文書作業。 3.其他主管交辦事項。	不拘	1.職務配比 ESG 60%、其它專案 40%。 2.熟悉 Word 排版、Excel 試算函數及 Ppt 簡報功能。 3.具備 PowerBI/BC/ESG 概念者佳。 4.擅與人溝通與喜好學習。
信義開發	永續發展管理中心	不動產經	1.建築工程新技術、新材料調研	專案成本／品質／風險管理、專	1.具日本事務所、開發商或營

股份有限公司	專案主管	營業	及引進。 2.建築工程技術指導。 3.綠建築研發與落實。 4.其他主管交辦事項。	案時間／進度控管、專案採購管理、專案規劃執行／範圍管理、專案溝通／整合管理、工程管理	造廠工作經驗 5 年以上。 2.具建物永續建築或綠建築資歷尤佳。 3.日本大學土木工程或建築相關科系畢業。
元太科技工業股份有限公司	綠色製造與環保主管	光電產業	1.負責全球 E Ink ESG Green Production 推動，包括 Taiwan, TOC YangZhou China, EIC Boston USA, Korea office, Japan office。 2.負責臺灣所有廠區環衛相關，廢水，廢溶劑，空汙管理。 3.ESG Green Production 包括 Carbon Footprint, RE100, Net Zero, 碳交易。 4.推動 ISO14064, ISO14069, ISO 50001,	不拘	1.曾任環安衛處長五年以上，且有跨國跨廠環安衛經驗者尤佳。 2.熟悉 ESG, RE100, Renewable energy, CFP, ISO14001, ISO50001, ISO14067, ISO14064 者尤佳 3.抗壓性佳，細心，善於溝通者優

			ISO 14001 到 E Ink China, USA 子公司。		
網銀國際股份有限公司	【永續發展組】ESG 專案助理	電腦軟體服務業	·負責 ESG 專案彙整與行政作業。 ·負責收集並彙整國際 ESG 趨勢、產業動態報告。 ·協助 ESG 專案企劃與活動執行。 ·協助整合與編撰企業社會責任／企業永續報告書。 ·協助執行溫室氣體盤查/碳盤查作業。	不拘	·具永續管理或企業推動永續發展經驗為佳。 ·熟悉永續相關國際規範。 ·主動積極、正向思考、熱衷學習、負責任。
精誠資訊股份有限公司	ISO 50001/14064/14067 輔導認證顧問（臺北／新竹／臺中/臺南／高雄）-B85D	電腦系統整合服務業	1.協助企業輔導導入 ISO 50001/14001/14045/14064/14067，提供企業節能減碳諮詢與改善建議。 2.協助企業建立永續發展機制、推動永續方案實施。	不拘	1.具備 ISO 50001/14001/14045/14064/14067 證照資格尤佳。 2.具備執行或輔導 ISO 系統實務經驗。 3.了解 Re100、SBTi、TCFD、GRI、SASB 等

			3.協助企業辨識永續發展風險與機會、提供企業永續發展諮詢與改善建議。		ESG 倡議或準則。
精元電腦股份有限公司	ESG 專員	電腦及其週邊設備製造業	1.集團 ESG 推動相關事務規劃與執行。 2.集團 ESG 相關專案執行與成效追蹤。 3.品牌客戶對集團ESG相關專案執行與成效追蹤。 4.收集並分析全球可持續性／永續發展／ESG 等趨勢、熟悉海外工廠政府政策法規、淨零／脫碳和能源議題應用於集團政策與工廠製程整改、領先機構和同行對集團主要ESG信息披露和制定框架。	不拘	有經驗者優先

世紀鋼鐵結構股份有限公司	管理部—企業社會責任—文管人員	其他金屬相關製造業	1.公司治理／永續發展（ESG/CSR）作業執行（如公司形象活動）。 2.導入國際永續相關標準及執行。 3.公司治理評鑑資料整理。 4.協助整合與編撰企業社會責任／企業永續報告書。 5.協助執行各廠區溫室氣體盤查／碳盤查作業。 6.撰寫結案報告。 7.教育訓練執行。 8.其他主管交辦事項 9.需細心、負責、有耐心。	文書處理／排版能力、行政事務處理、文件或資料輸入建檔處理、提案與簡報技巧	未填寫
貿聯國際股份有限公司	永續環境管理工程師	其他電子零組件相關業	1.企業環境專案規劃與推動如：ISO14067/PAS2050（產品碳足跡）、ISO14001	不拘	一、工作經歷：5 年以上節能減碳相關議題提案及推動經驗，具備相關證照尤

			（環境管理系統）、ISO14064（溫室氣體盤查）、ISO50001（能源管理系統）、RE 100（再生能源倡議）。 2.蒐集並分析環境永續發展趨勢及相關法規變動。 3.國內外溫室氣體減量計畫規劃與執行。 4.協助各部門提出環境管理方案以持續改善精進。		佳。領域如能源管理系統、溫室氣體盤查、產品碳足跡、碳權抵換、綠色憑證制度等。 二、語文要求：工作溝通對象包括亞洲、北美、歐洲分公司，履歷請檢附相當於 TOEIC 750 分以上之英語測驗成績證明。
DECATHLON 法商迪卡儂──臺灣迪卡儂有限公司	【生產管理總部】自行車部門產品開發／品質管理工程師 Cycle Product Development/Quality Production	文教／育樂用品零售業	1.制定品質標準並監控質量績效，以達到品質標準。 2.藉由迪卡儂品質管理系統，進行風險識別，快速實施解決方案。 3.與迪卡儂運動部門協同合作新	制訂新產品檢驗標準、原料及產品品質管制監控、產品驗證作業、新產品與進出貨檢驗、零件供應商評鑑考核、可靠度分析報告撰寫與彙整	1.對運動充滿熱情並定期訓練。 2.敏銳的品質意識以符合客戶滿意。 3.具有生產經驗或有品質管理背景的求職者尤佳。 4.具好奇心，邏輯思考且具有良

	Leader		產品開發，標準化技術規格以導入量產。 4.協助供應商建立強大的品管團隊：對供應商進行迪卡儂品質標準建立，以實現供應商品質管理的自主性。 5.通過品質與社會責任的稽核，與供應商建立永續發展的商業模式，推動並達成設定的永續發展指標。 6.協助供應商的碳排監測和再生能源行動，並設定減碳目標。		好的分析能力。 5.持續改善和永續發展的態度。 6.專案管理能力，能設定專案優先順序並推動完成。 7.具製程管理經驗者尤佳。 8.需與工廠團隊在現場工作。 9.具有生產經驗或有品質管理背景的求職者尤佳。
財團法人臺灣產業服務基金會	環境工程師	工商顧問服務業	從事節能減碳、汙染防治、產業永續發展、資源回收等相關議題之── 1.專案計畫執行、資訊研析、報告撰寫、簡報製作。	不拘	1.主動積極、邏輯／文字編輯能力強、溝通協調能力佳者優先考量。 2.具備 2 年以上顧問業經驗者尤佳。

			2.說明會、訓練課程等相關會議辦理。 3.諮詢輔導、溝通聯繫等事務。 4.協助計畫競標。		
綿春纖維工業股份有限公司	環安助理	紡織成衣業	1.環安（水資源／能源管理／碳排放）數據資料英文彙整／線上回報。 2.環安衛改善計畫執行。 3.各類認證&稽核資料準備。 4.品牌商（adidas/nike/puma/UA……）接待／稽核／溝通。	不拘	【環安衛相關科系畢業尤佳】
銓品國際工程顧問有限公司	環境工程師（儲備幹部正職薪資 40K 以上）	工商顧問服務業	1.環境影響評估及碳盤查碳足跡相關作業。 2.汙廢水空汙噪振土壤地下水及廢棄物處理規劃。 3.非點源汙染最佳削減計畫。 4.空氣汙染模式	提案與簡報技巧	未填寫

			模擬或其他網格模式模擬。 5.熟悉 Word/Excel 排版及試算表功能操作。		
臺灣百和工業股份有限公司	永續發展人員	織布業	1.負責依據 GRI 準則建立永續報告書，並推行相關專案。 2.持續跟進國內外最新ESG政策趨勢，零碳／減碳及綠色能源相關議題等相關資料分析，使公司持續達成ESG指標。 3.研究並蒐集國內／外永續準則與法規、趨勢。 4.蒐集及整合海外子司ESG相關資訊。 5.其他專案與主管交辦事項。	不拘	從事ESG永續報告書實務經驗相關工作 2 年以上。
綿春纖維工業股份	環安專員	紡織成衣業	1.環安（水資源／能源管理／碳排放）數據分析。	不拘	【環安衛相關科系畢業尤佳】

有限公司			2.節能減碳，減排，節水改善規劃&執行。 3.各類認證&稽核應對溝通。 4.品牌商（adidas/nike/puma/UA……）接待／稽核／溝通。		
環榮永興股份有限公司	駐局工程師（臺東）	工商顧問服務業	1.從事政府部門環保相關專案計畫（如節能減碳、低碳永續等相關議題）。 2.專案執行、輔導宣導及其他臨時交辦事項等。 3.需與業主與團隊溝通，協調與支援。 4.需派駐臺東環保局。	不拘	1.具良好溝通協調能力。 2.文筆流暢、具良好書寫能力。 3.具汽車駕駛經驗佳。
瑞星管理顧問股份有限公司	知名外銷運動產品ODM廠商環安能源工程師	人力仲介代徵	1.管理並妥善運用廠內水資源（雨水回收系統）。 2.管理廠內電力能源使用狀況。 3.管理碳足跡，	不拘	未填寫

			進行節能減碳之優化。 4.廠內環境改善（ex：噪音、空汙、溫度……等）之解決方案。 5.年薪 60~66 萬（12 個月月薪計），外加年終獎金（2 個月月薪 OR 以上，依照績效表現及年資給予）。		
財團法人農業科技研究院	師級研究員 1 名（ATL22）──動物科技研究所（動物產業組）	職業團體	1.帶領團隊建立相關文件，申請成為農業領域之碳足跡查驗機構。 2.帶領團隊建立相關文件，申請成為農業領域之溫室氣體──專案層級查驗機構。 3.研析農業領域或農業場域可應用之溫室氣體減量方法學。 4.其他臨時交辦	不拘	1.具碳足跡查證員或碳足跡主導查證員資格。 2.具 PAS 2050、ISO/TS 14067 主導查證員訓練課程證書。 3.具備溫室氣體相關知識與基本概念、生命週期概念（包含適用之相關國際標準，如 ISO 14040 系列；生命週期評估方法，如生命週期之目標與

			事項。		範疇界定、盤查分析、衝擊評估及闡釋等；生命週期評估軟體應用等）、適用之法規及／或其他相關規範性文件、查證技巧及方法、案例分析等相關訓練課程證書。
金盛元興業股份有限公司	業務事業群──ESG專員（薪資35000~45000／日班）	汽車及其零件製造業	1.規劃各項安衛環保施工計畫製作以及提送。 2.協助依循法令及公司內部規定辦理有關環安衛業務等事項。 3.規劃與執行各項ESG相關議題管理與申報。	專案規劃執行／範圍管理、專案溝通／整合管理	1.熟悉永續發展/ESG現況佳。 2.具專案企劃相關經驗尤佳。
精誠資訊股份有限公司	業務專員（臺南）-S102	電腦系統整合服務業	1.開發客戶，拓展市場。 2.公司代理經銷產品解決方案銷售。 3.減碳及綠色能源相關議題開發市場。	不拘	1.對業務工作充滿熱情。 2.具備資訊系統基本概念。 3.懂生產線管理。

			4.智慧製造相關應用開發市場。 5.數據分析銷售。		
能元科技股份有限公司	環保人員	光電產業	1.具乙級廢汙水處理專責人員、乙級廢棄物處理專責人員以上。 2.統籌、規劃空、水、廢、毒系統申報、管理、檢測與運作。 3.ISO 14001、碳／水足跡、溫室氣體盤查、ESG等環保管理系統運作管理與執行。 4.減廢、減排、節能等環保專案規劃與執行。	不拘	1.具乙級廢汙水處理專責人員。 2.具乙級廢棄物處理專責人員以上。
SGS_臺灣檢驗科技股份有限公司	永續發展顧問（臺北）	檢測技術服務	1.為客戶提供電子電器類產品、食品接觸材料等國內外法規之檢測解決方案。 2.針對綠色產品製造、碳循環等永續發展議題提	不拘	1.應屆畢業生須環境工程科系畢。如非相關科系，但具有相關工作經驗亦歡迎投遞履歷。 2.具產品生命週期評估經驗尤

			供完整規劃及輔導。 3.依系統廠客戶需求，擔任供應商大會或廠內法規教育訓練講師。 4.擔任例行性研討會的講師。 5.研讀法規，開發新生意及新服務。 6.撰寫網頁新聞及電子報（E&E各化學法規有重大更新時）。 7.TW RoHS/ITA RoHS 註冊登錄相關執行事宜。		佳。 3.具教育訓練講師之經驗尤佳。
薩摩亞商志強國際企業股份有限公司臺灣分公司	駐越南專案／企業永續發展管理師	鞋類製造業	1.執行專案之規劃、執行、掌控、並追蹤成效及擬定改善方案。 2.協助各部門及廠區推動專案之執行、管理、問題追蹤及解決。 3.收集並分析全球可持續性／永	安全衛生防護、工作安全與環保衛生	1.英文書寫及溝通流利。 2.專案（多項目）管理和執行。 3.優秀的溝通能力。 4.能識別和理解不同目標受眾的需求並正確傳遞訊息。

			續發展／ESG 等趨勢。 4.熟悉越南工廠政府政策法規、淨零／脫碳和能源議題應用於集團政策與工廠製程整改。		5.ESG 專業（能源背景尤佳）。
信邦電子股份有限公司	廠務工程師（兼碳管理）—工作地點：汐止／苗栗—臺灣行政部	電腦及其週邊設備製造業	1. ISO 14064 溫室氣體盤查與 ISO 50001 能源管理系統認證相關工作。 2. 減碳進程管理。 3.減碳專案規劃（能源、水、廢棄物、設備管理、再生能源）。 4.集團各廠區資訊追蹤彙整與 PDCA 協助。 5.跨部門溝通協調與支援協助。	不拘	1.機電／工程／物業管理／生產製造相關經驗。 2.曾實際參與溫室氣體盤查／管理工作。 3.熟悉氣候議題、溫室氣體管理、碳足跡、再生能源發展等。 4.具備相關證照尤佳。
皇家遊騎兵保全股	D03 ESG 專員	保全樓管相關業	1.集團 ESG 推動相關事務規劃與執行。 2.集團 ESG 相關	不拘	未填寫

份有限公司			專案執行與成效追蹤。 3.品牌客戶對集團ESG相關專案執行與成效追蹤。 4.收集並分析全球可持續性／永續發展／ESG等趨勢、熟悉海外工廠政府政策法規、淨零／脫碳和能源議題應用於集團政策與工廠製程整改、領先機構和同行對集團主要ESG信息披露和制定框架。 5.負責ESG專案數據彙整與行政作業。 6.協助ESG專案企劃與活動執行。		
旗勝科技股份有限公司	（臺南）環保工程師	消費性電子產品製造業	1.空汙法定申報、空品不良應變、空汙相關演練規劃辦理。 2.水汙法定申	不拘	具備證照一項以上：甲級空汙專責人員、甲級廢水專責人員、甲級廢棄物專責人

			報、定檢規劃排定。 3.廠區廢棄物、毒化物運作專責管理與相關申報／變更業務執行。 4.環保化學品相關業務管理。 5. ISO14001 與 ISO14064 管理系統計畫與推進執行。 6.碳盤查業務推行與管理。 7.環保相關稽核對應。		員、甲級毒化物專責人員。 相關經驗：具申報及處理環保業務 1 年以上工作經歷尤佳。
南亞電路板股份有限公司（南電）	環保工程師	印刷電路板製造業（PCB）	1.建立、修訂及執行環境管理相關法令、規範與專案推動等要求事項。 2.負責環境管理系統運作及持續改善推動相關業務。 3.規劃、指導及稽核各單位環境操作管制執行情形。	不拘	1.具溝通協調能力者佳。 2.具英文溝通者佳。 3.無經驗可，具 PCB 同業實務經驗者尤佳。 4.具相關行業經歷者，請面試當日一併提供工作經驗證明。

			4.評估、規劃及推動國際及客戶ESG相關要求。 5.溫室氣體盤查減量與碳中和議題推動。 6.節能、節水、減廢及資源回收再利用推動。		
佳龍科技工程股份有限公司	環安助理工程師（觀音廠）	其他相關製造業	1.具環保（空、水、廢、毒、關注性化學品）等許可申請、申報及檢測相關工作經驗者佳。 2.熟悉環保、消防及職業安全衛生相關法令。 3.執行廠區工安、環保業務稽核及缺失改善追蹤。 4.執行定期及不定期環安衛現場巡檢，以及督導危險性作業安全。 5.碳足跡盤查與節能減碳專案執行。	協助ISO／OHSAS與環保相關認證工作、執行安全衛生督導及稽核、規劃實施勞工作業區域環境檢測、廢棄物管理與申報處理	未填寫

智易科技股份有限公司	綠色產品工程師	其他電信及通訊相關業	1.衝突礦產管理。 2.溫室氣體能源盤查。 3.節能減碳策略。 4. CDP 碳足跡計算及 LCA 報告。	不拘	1.具備化學化工或材料相關知識背景。 2. Simapro 或其他碳足跡計算工具使用。 3.具備綠色產品管理相關經驗。 4.具 CDP/LCA 相關分析能力為優。
綠信環境科技股份有限公司	助理工程師／環境工程師／儲備幹部（桃園市）	工商顧問服務業	1.環境專案部門。 2.公部門委託環境保護領域，如廢棄物、資源回收、空氣汙染防治、低碳永續家園、環境教育等專案執行。 3.依專案合約規定如下（皆須小客車駕照）： (1)工程師：大專（含）以上理工相關科系畢業；或大專（含）以上並有 1 年（含）以上相關環保機關委辦計	文書處理／排版能力、行政事務處理、報表彙整與管理、電話接聽與人員接待事項、文件或資料輸入建檔處理、文件檔案資料處理、轉換及整合工作、管理行事曆與會議協調安排	大專（含）以上畢業學歷者，具有執行環保專案相關工作經驗者佳，須有汽車駕照；熟諳電腦文書處理，願意在本行業長期發展者尤佳。

			畫工作經驗者。 (2)助理工程師：大專（含）以上畢業。 4.本專案工作內容包含稽巡查輔導、宣導活動、報表彙整填報、資料彙整及歸檔作業、報告撰寫、簡報製作，其他臨時交辦事項等。 5.有工作熱忱、態度積極、細心為首要條件，具有稽巡查輔導、電腦文書處理、資料彙整統計、專案管理等相關經驗尤佳。 6.享勞健保、周休二日、生日禮金、教育訓練、年終獎金、年節禮金與福委會等。 7.依據能力分派助理工程師或專案工程師，未來		

			可培訓成專案副理／經理一職。		
英屬開曼群島商天暉精密股份有限公司臺灣分公司	環安工程師（廢水／空汙／環保／消防防火）	光學器材製造業	1.廢水現場處理操作。 2.空、水、工作場所相關設備測試保養汙染防治設備系統及日常操作。 3.有效處理操作工廠排放廢（汙）水，使其達到法規排放標準。 4.填寫紀錄環保相關日報表、維護日常操作表單紀錄。 5.配合管理中心之定期採樣、審核及例行性申報。 6. 6S 管理推動。 7.廢棄物處理。 8. CSR 與 ISO 14000 推動與執行。 9. ESG 之環境碳排減量之規劃。 10.其他主管交辦的事項。	不拘	具有乙級廢水證照者。 有防火管理員和消防維護經驗者尤佳。

三元能源科技股份有限公司	環安工程師	其他相關製造業	1.具環保申報經驗、可獨立完成清理計畫書撰寫及修改。 2.具跨組織及領域溝通能力，可與各部門協調及合作。 3.具空汙、毒化物處理之相關經驗。 4.具與政府機關對應之溝通能力。 5.具規劃環保相關之作業及永續發展之相關業務。 6.具有內外部環保相關稽核經驗。	不拘	1. 溫室氣體盤查、碳足跡推動經驗。 2. ISO 14001 建置及推動經驗。 * 5 年以上安全衛生相關工作經驗，具新建廠案經驗者尤佳。
緯創資通股份有限公司	ESG/CSR 管理師—汐止—20984	電腦及其週邊設備製造業	1. 收集與分析 ESG/CSR 相關發展趨勢。 2.ESG/CSR 相關事務／專案規劃執行及信息揭露管理。 3.客戶 ESG/CSR 相關需求之處理及回覆。	不拘	1.學歷科系：碩士以上，環工、工業工程、商管相關科系。 2.工作經驗：3 年以上相關工作經驗。 3.專業能力： —具專案管理能力。

					—具企業永續及 ESG/CSR 相關知識與熱忱。 —了解國內外永續發展趨勢、法規與ESG/CSR相關揭露標準、倡議、框架。 —擁有企業ESG 推動（能源管理／溫室氣體盤查／碳水足跡等）、ESG 報告書編輯、國際評比（如 CDP、DJSI 等）回覆經驗。 —具永續管理相關證照尤佳。 4. 語文要求：TOEIC 650（有國外留學經驗尤佳）。 5.工作待遇：依公司核薪標準。
工研院—財團法人工業	工研院機械所—產業研究員(U200)—臺北	其他專業／科學及技術	負責金屬、機械、運輸工具等產業發展之幕僚作業與政策研擬、產業推動與	不拘	1.學士（含）以上機械、資通訊、工工、能源等理工科系，或資管、企管等文

技術研究院		業	跨單位協調、淨零碳排及主管交辦事項等事務。		法商管理相關系所畢。 2.曾從事於製造業智慧製造、淨零碳排等工作者，具政府專案計畫管理經歷者尤佳。 3.面試時請檢附相當於 TOEIC 650 分之英語測驗成績證明，如無法提供，將安排參加本院英文檢測。
長興材料工業股份有限公司	能源管理工程師—高雄路竹	化學原料製造業	1.集團能源管理系統建置、營運維護。 2.負碳技術開發與專案執行。 3.ISO14064、ISO14067、ISO50001 內部查證員。	不拘	1.具備碳管理師、ISO14064、ISO14067、或 ISO50001 等以上查證員資格或是訓練合格證明為佳。 2.如有該職缺相關經驗多年者，薪資從優認定。 3.上述工作經驗認定指從事與本職缺工作內容高度相關之職務。

欣興電子股份有限公司	【環安廠務類】*桃園總廠*節能減碳工程師（可視訊面談）☆到職滿6個月，留任獎金最高 11000元☆	印刷電路板製造業（PCB）	1.推動廠內節能／減碳技術執行及運作管理。 2.能資源／碳排放系統建置與管理。 3.國內外能資源／碳排政策趨勢與衝擊影響評估。	不拘	1.具環境資訊揭露規劃與執行經驗。 2.具 ISO14001/ISO14064/ISO50001 系統運作經驗尤佳。 電機／電子／環境相關科系畢
TUV_臺灣德國萊因技術監護顧問股份有限公司	永續發展稽核員（Sustainability Lead Auditor）	檢測技術服務	1.主要為執行溫室氣體盤查、碳足跡與能源管理，若具備執行水資源管理、企業社會責任／永續報告書保證及查證……專業經驗尤佳。 2.永續發展相關服務之國際標準的研讀及推動，例如 TCFD、SBTi 或永續金融等。 3.支援溫室氣體盤查、碳足跡或碳中和等服務的	不拘	1.環境、環工等相關科系畢業，具二年以上環境或永續工作實務經驗，熟悉溫室氣體盤查、碳足跡或碳中和、或水足跡領域。 2.若熟悉 CSR REPORT / GRI 相關要項與細節，具有一年以上 ESG/CSR 相關輔導、實務運作經驗或查核評估經驗，或具備 TCFD、SBTi、永續金融等經驗

			相關業務活動。 4.支援相關服務的教育訓驗、業務發展與客戶諮詢。		尤佳。 3.完成 ISO 14064-1 與 14067 主導查證員相關訓練為佳。 4.具備環保署溫室氣體查驗人員資格尤佳。 5.具備 ISO 50001 稽核員資格尤佳。 6.具備溝通協調能力與團隊合作精神，能獨立進行與掌控專案。 7.英語具備聽、說、讀、寫能力，便於海外溝通與合作。 8.需國內外出差。
智易科技股份有限公司	企業永續發展管理師	其他電信及通訊相關業	1.建構公司永續發展機制、推動永續方案，建立永續發展文化。 2.掌握與分析國內外永續發展趨勢及相關法規，協助企業辨識永	不拘	1.熟悉組織溫室氣體、產品碳足跡盤查作業。 2.具備永續管理相關證照、相關 ISO 國際證照或協助企業推動永續發展經驗為佳。

			續發展風險與機會，提出永續發展策略建議。 3.擬定並執行公司碳中和、淨零目標。 4.執行企業永續發展相關專案（包括永續報告書、ESG 評比、TCFD 導入、氣候治理導入……等）。 5.規劃與推動 CSR 相關活動，並撰寫與整合外部 CSR 參獎資料。 6.輔導供應商於 CSR 相關活動的改善。		
精英電腦股份有限公司	ESG 永續管理師	電腦及其週邊設備製造業	1.協助負責國內外各項永續評比機構之溝通及問卷回覆。 2.協助研究並蒐集國內／外永續準則與法規、趨勢。 3.協助整合與編	不拘	學歷要求 學士 科系要求 商業及管理學科類、工程學科類 其他條件 1.擅溝通、積極主動且具團隊協作精神。 2.對永續發展／

			撰企業永續報告書。 4.協助執行各廠區溫室氣體盤查／碳盤查作業，完成年度外部查證作業。 5. ESG 推動相關事務規劃與執行，ESG 相關專案執行成效追蹤。 6.其他主管交辦事項。		ESG 議題有熱忱。
KPMG_安侯建業聯合會計師事務所	【顧問部】研究員／顧問師／高級顧問師（氣候變遷及企業永續發展）—361C	會計服務業	【工作內容 1】企業永續管理顧問 1.執行各類企業永續顧問專案，包括但不限於：永續策略／目標與 KPI 制訂、ESG 評比輔導、永續金融、非財務資訊揭露、利害關係人溝通等。 2.專案管理及客戶溝通聯繫。 3. ESG 業務機會	不拘	1.熟悉 1 項或多項 ESG／永續議題，且對該議題具有熱忱。 2.擅於專案管理與時間管理，可同時執行多項案件。 3.具備資訊／數據蒐研彙整，歸納分析能力。 4.具備良好內、外部溝通協調能力。 5.流暢中英文閱讀、溝通及寫作

			研析、業務開發。 4.論壇活動舉辦、專業性刊物發行及其他品牌行銷工作支援。 【工作內容 2】 碳管理顧問 1.協助企業導入低碳管理、強化氣候風險管理、研擬永續策略。 2.工作專業項目如下（包含但不限）： a.氣候風險與機會鑑別（如TCFD等）。 b.企業永續發展或低碳轉型策略藍圖規劃（如淨零排放策略等）。 c.碳資產管理（含溫室氣體盤查、產品／務碳足跡、環境會計等）。 d.企業減碳措施導入（含 SBTi、		能力，有跨國溝通／工作經驗尤佳。 6.具備下列任一經驗或專業者尤佳。 A.產業永續實務（企業永續辦公室或相關職能）。 B.永續報告書編製。 C.碳管理環安衛管理（盤查／管理系統導入／認證）。 D.ESG 評比與績效提升，及／或企業ESG績效評估。 E.人權及永續供應鏈管理。 F.風險管理。 G.金融業永續實務。

			內部碳定價、減量計畫評估等）。 e.永續評比問卷輔導（如 CDP、DJSI、MSCI 等）。 f.公部門環境或永續相關政策研擬與因應。 3.學習碳相關新專業領域並開發新服務支援。		
環榮永興股份有限公司	環境工程師／環境管理師	工商顧問服務業	1.執行政府部門環保專案計畫（如節能輔導、低碳改造、查考核、宣導等）。 2.協助撰寫計畫書及計畫相關行政工作。 3.閱讀並整理相關領域資料。	不拘	1.具良好溝通協調能力。 2.文筆流暢、具良好書寫能力。 3.具汽車駕駛經驗佳。
勤業眾信聯合會計師事務所	永續服務——永續供應鏈管理顧問／經理	會計服務業	1.輔導客戶建置供應鏈永續管理制度、推動供應鏈永續管理行動。 2.規劃供應商永	不拘	工作經歷要求： 顧問職：1 年以上。 經理職：3 年以上。 其他條件：

			續管理目標與行動方案，包括：設計供應商 ESG 自評估問卷，進行供應商ESG盡職調查、永續風險評鑑、舉辦供應商議合活動等。 3.為客戶與其供應商提供永續議題教育訓練與諮詢。 4.管理專案工作進度與品質，與客戶以及內外部同仁溝通。 5.既有服務升級與新服務開發。 6.永續績效揭露與永續獎項參報，包括ESG報告書、CDP、DJSI 等。		1.科系不限，對投入企業永續發展與供應商永續管理有高度興趣。 2.具備良好理解能力、溝通能力與表達能力，且具備持續學習新知與發展解決方案的企圖。 3.具備永續發展策略規劃與執行經驗佳。 4.具有供應鏈／供應商管理或產業界採購管理經驗，或曾擔任EHS、QCDS、供應商ESG內外部審查人員佳。 5.對於任一產業的循環經濟、碳足跡、物流與倉儲或生產製造具有背景知識或實作經驗者尤佳。 6.熟悉 ISO 20400、PAS 7000、RBA、

					OECD Due Diligence Guidance、ISO 14067、PAS 2050、BS 8001等框架與規定者尤佳。 7.了解 python 或 VBA 佳。
財團法人印刷創新科技研究發展中心	環境永續發展輔導人員	政府／民意機關	1.輔導企業導入ISO 相關國際標準（含 ISO9001、14001、50001、14064、14067）。 2.辦理輔導工作內相關會議活動。 3.撰寫輔導或工作計畫報告。 4.管理專案執行進度、成效。	不拘	1.具有溫室氣體輔導或環境管理相關專長。 2.熟悉文書處理及碳足跡計算軟體。 3.曾從事溫室氣體、碳足跡、能源管理、環境管理或其他輔導工作者優先錄取。
信義開發股份有限公司	環境永續部專員	不動產經營業	1.了解永續報告書準則與內容架構。 2.熟悉各類 ESG 議題，能執行、撰寫企業永續發展專案、企劃、報告書。	文書處理／排版能力、報表彙整與管理、專案溝通／整合管理	1.熟悉永續發展相關國際規範，並具備企業永續發展相關工作經驗。 2.具備開發建設產業經驗尤佳。 3.具碳盤查經驗

			3.蒐集彙整與熟悉國內外永續發展相關議題資訊。 4.其它主管交辦事項。		者尤佳。 4.具備統計分析能力者尤佳。 5.環境科學或工程相關、自然科學學科類、氣候變遷或永續相關商學管理科類畢業尤佳。
鴻海精密工業股份有限公司	能源管理顧問——內湖／新竹／臺中／高雄	消費性電子產品製造業	1.企業碳足跡（碳中和）及淨零政策規劃。 2.企業環境管理評估：如ISO14001、ISO14064、ISO14067、ISO50001等。 3.熟臺灣政策：溫管法推動碳管理（用電大戶條款）等。 4.熟國際永續發展：SDGs & TCFD & SBTi & CDP & CBAM & Net-Zero& GHG & PAS2050 & PAS2060 & GRI等。	不拘	1.國內外環境、能源、光電、電機、機械、冷凍空調相關大學或研究所畢業。 2.有 3 年或以上的節能減碳相關議題提案及EEWH推動經驗。 3.具備相關國際證照尤佳：LEED AP & WELL AP & ISO 50001 & CMVP & PMp等。 4.需具備最基本的整廠專案能源電力和HVAC規劃整合經驗，通過審查及稽核參考資料可進行

			5.能源審計、評估並提供提升能效建議 6.推廣能源管理系統及提供節能＋創能＋儲能之建議。 7.與客戶溝通，了解客戶OPR需求。 8.分析專案節能並建立能源基線提供 BOD 術方面提供支援。 9.在工程團隊以及客戶之間做好協調，專案高品質如期完工。		簡單計算分析。 5.了解工廠內工業動力設備及製程，空壓機、鍋爐、汙水處理、風機、水泵等運行原理。 6.主動積極、認真負責、細心敏捷，有良好溝通、邏輯思考與解決問題能力，配合度高、抗壓性與執行力強、具團隊合作意識，且能配合出差。 7.有效率完成主管交辦事項及勇於接受挑戰。
南華大學—人事室	永續中心—專案人員	大專校院教育事業	執行校內外專案，包括環境教育、淨零排放、永續農場、ESG計畫等。	不拘	1.具備環境教育人員、循環經濟、淨零排放、企業社會責任或農業相關學歷或認證資格。 2.負責專案管理及聯繫，具報告撰寫及專案管理經驗者尤佳。

					3.應徵環境教育人員：有環境相關教學與教案發展經驗，具環境教育相關執行經驗，具環境教育推廣、課程設計、教學等知識與技能尤佳。 4.應徵永續農業：具有農場、溫室、蜜蜂養殖相關經驗者尤佳。 5.應徵淨零排放、企業社會責任：具有碳中和相關證照、經驗或ESG經驗。
裕榮昌科技股份有限公司臺中分公司	永續推展人員	鞋類製造業	1.分析集團能源、溫室氣體及碳排放數據管理，協助建置管理系統。 2.負責集團節能減碳專案、永續發展專案。 3.協助相關教育訓練與撰寫企業社會責任	不拘	＊具以下實務經驗尤佳： ──製造業環境保護/節能減廢或綠色製造相關一年以上 ──企業永續發展（CSR／ESG／能源管理／溫室氣體／碳足跡）

			（CSR）報告書。 4.了解企業永續發展之相關趨勢與政策，並提出建議與改善方案。		—CSR 報告書撰寫 —國際標準管理系統推行 ISO 14001／45001／50001 —永續經營相關系統推行 ISO14064／14064／14046 ＊具相關證照：ISO14064／14067／14046／50001 國際標準管理系統主導（內部）稽核員。 ＊具英文檢定可供參考尤佳。
安永聯合會計師事務所	【氣候變遷及永續發展／ESG 服務】環境面顧問／資深顧問	會計服務業	1.協助企業制定永續策略並優化現行永續管理組織與管理機制、建立永續文化。 2.協助企業導入環境、能源及氣候相關 ISO 管理系統（ISO14064、ISO50001、ISO14067 等）。	不拘	1.具團隊精神及良好溝通表達能力；對於永續發展／ESG 議題有熱忱；主動積極、工作有效率且能獨立作業。 2.熟悉或有意願發展氣候相關財務數據化的研究。

			3.協助企業編撰永續／企業社會責任報告書（CSR/ESG Report）。 4.其他工作事項： ──參與新服務開發。 ──利用新工具研發方法論，持續學習並創新、分享知識予團隊成員，同時優化服務效率與流程。 ──部門行政、行銷活動事務。 5.服務項目如下： ──TCFD、SASB、碳策略分析、SROI、LBG、PRI、PSI、PRB。 ──環境、能源及氣候相關 ISO 或管理系統、SBTi、內部碳定價。		3.熟悉或有意願發展國際供應鏈環境面要求的解決方案。 4.熟悉或有意願發展企業相關的再生能源領域法規、趨勢研究。 5.環境科學研究方法（包含質性與量化方法，LCA）。 6.良好的專案管理能力。 7.擅長資訊收集分析，具撰寫優質報告能力。 ──具以下經驗者尤佳： * 對氣候相關財務揭露、SBTi、碳及能資源管理、企業ESG風險管理、企業環境相關的財務影響評估、國際供應鏈採購或稽核實務等具備經驗、熱忱和敏銳度。

			—永續服務：ESG/CSR 報告書、CDP、DJSI 及其他永續服務。 主要責任： 1.執行諮詢顧問專案。（資深顧問：應有能力了解和掌握客戶需求和期望，以專業和品質導向，領導團隊發展對應的工作與執行範疇） 2.少量業務開發工作及對外活動規劃。 3.學習新專業領域並開發新服務。		* 執行企業經營管理分析、市場分析、風險分析專案之經驗。 * 具 TCFD、環境、能資源及氣候相關 ISO 或管理系統等相關證照。
達亞國際股份有限公司	ESG 永續發展專員	醫療器材製造業	1.負責國內外各項永續評比機構之溝通及問卷回覆。 2.導入國際永續相關標準，並協助規劃公司 ESG 策略。 3.研究並蒐集國	專案溝通／整合管理	1.具協助企業推動永續發展 2 年以上經驗（能源管理／溫室氣體／碳足跡／水資源）。 2.具中文文案能力。 3.編製過 CSR 或

			內／外永續準則與法規、趨勢。 4.撰寫企業社會責任／企業永續報告書。 5.執行各廠區溫室氣體盤查／碳盤查作業，完成年度外部查證作業。 6.推動能源管理系統建置，負責銜接公司內外相關單位之溝通協調。 7.其他主管交辦事項。		ESG 報告書，熟悉永續相關國際規範。 4.輔導或參與建置 ISO 14064、ISO 50001、ISO 14067 等經驗。 5.具永續管理相關證照者佳。
新系環境技術有限公司	工程師—A1（臺北）	環境衛生及汙染防治服務業	1.環境規劃管理及節能減碳專案執行。 2.負責計畫數據資料統計、分析及彙整，相關報告、簡報製作等。 3.其他交辦事項。	不拘	*須有小客車駕照，並且能熟練駕車上路。
中華開發	行政管理人員（開	金融控股	1.金控及集團 ESG 環境數據彙整及分析。	不拘	專業訓練資格與證照 Professional

金融控股股份有限公司（凱基證券）（凱基銀行）（中華開發資本）	發金控）	業	2.環境數據系統之建立。 3. ISO 14001 環境管理系統驗證及 ISO 14064 溫室氣體盤查與查證。 4. ESG 報告書編撰、CDP/DJSI 等外部問卷／評比填寫。 5.綠電／碳權採購規劃與執行，及其他環境永續相關事宜。 6. ISO 45001 職業安全衛生系統事宜規劃、建置及執行。 7.辦公室環境檢測作業。 8.其他職業安全衛生相關作業。 9.辦公室裝修工程、家具設備規劃、管理等事項（包含預算／時程控管、請購／發包、監造／驗收等）。		Training and License： 1.甲種職業安全衛生業務主管或職業安全衛生管理員。 2.急救人員。 具以上證照為佳。 經驗條件 Experience： 1.需具 ISO 環境管理系統／溫室氣體盤查及職業安全衛生管理系統二年以上相關經驗。 2.具辦公室裝修工程、家具設備規劃、管理經驗者佳。

Siliconware Precision Industries Co., Ltd._矽品精密工業股份有限公司	【臺中】環保工程師	其他半導體相關業	1.空水廢許可維護及定期申報。 2.巡檢稽核各單位環保作業符合度。 3.規劃及執行溫室氣體盤查與減量作業（含產品碳足跡）。 4.落實監督量測總表各項工作。 5.制／修訂公司內部環保規範。 6.配合主管機關及 ISO 稽核。 7.參加績效評比競賽（清潔生產、國家環保獎等）。 8.安排廢棄物清運、檢測及消毒等相關事項。 9.協助指揮官及 ERT 救災。 10.協助其他企業永續相關作業。 11.其他主管交辦事項。	不拘	1.甲級空汙或甲級廢水或甲級廢棄物專責人員。 2.熟悉環保法令與許可申請。 3.具安衛類證照者尤佳。

O-Bank_王道商業銀行股份有限公司	總務規劃人員	銀行業	1.負責環境保護專案、ESG、CSR、ISO14001、14064、50001、45001。 2.企業碳排數據、節能減碳專案、永續報告書撰寫、專案簡報撰寫、公文管理。 3.主管交辦事項。	不拘	1.大學以上畢業，科系不拘，善於溝通協調整合。 2. 2-3年以上CSR永續推動經驗，能獨力完成專案。 3.具ISO環境管理或永續管理相關證照為佳。 4.具office及電腦簡報製作技巧。
Siliconware Precision Industries Co., Ltd._矽品精密工業股份有限公司	【中科】環保工程師	其他半導體相關業	1.空水廢許可維護及定期申報。 2.巡檢稽核各單位環保作業符合度。 3.規劃及執行溫室氣體盤查與減量作業（含產品碳足跡）。 4.落實監督量測總表各項工作。 5.制／修訂公司內部環保規範。 6.配合主管機關及ISO稽核。 7.參加績效評比	不拘	1.甲級空汙或甲級廢水或甲級廢棄物專責人員。 2.熟悉環保法令與許可申請。 3.具安衛類證照者尤佳。

			競賽（清潔生產、國家環保獎等）。 8.安排廢棄物清運、檢測及消毒等相關事項。 9.協助指揮官及ERT救災。 10.協助其他企業永續相關作業。 11.其他主管交辦事項。		
資策會──財團法人資訊工業策進會	【MIC】永續經濟組──研究助理	電腦軟體服務業	1.觀測並彙整國內外淨零轉型、能源轉型相關政策、技術、產業動向資訊。 2.協助統整並分析臺灣淨零碳排與再生能源推動議題，輔助研擬政策幕僚建議。 3.配合經濟部綠能科技產業推動中心運作，支援行政庶務、會議／活動辦理及其他交辦事項，並（視需求）派駐	文書處理／排版能力、行政事務處理、文件或資料輸入建檔處理、文件檔案資料處理、轉換及整合工作	自備履歷

			專案辦公室。 4.每周至少到班三天。 5.具外文、政策研究、產業分析、科技策略研析、科技管理能力或相關工作經驗者尤佳。 6.具簡報製作能力，熟悉辦公室應用軟體（Excel、Outlook、Word、PPT）操作。		
中國醫藥大學	中國醫藥大學永續治理與風險管理委員會誠徵永續管理師	其他教育服務業	1.執行校務中長程發展計畫之永續治理與風險管理以及永續環境專案。 2.收集與分析永續發展趨勢及相關法規，提出學校永續發展策略建議。 3.彙編與撰寫永續報告書，協助第三方查驗證及參與國內外相關永續評比等事務。	不拘	1.國內外學士或碩士學歷，具永續管理師證照或相關經驗兩年以上者。 2.具行政業務、文書處理（Word、Excel、PowerPoint 等）能力。 3.具專案企劃、管理與統籌能力。 4.可獨立作業、積極、溝通及規劃能力佳、抗壓

			4.建立ESG相關內化程序，進而發展全校師生員工ESG識別與文化。 5.鏈結國內外永續組織，持續跟進國內外最新ESG政策趨勢，零碳 減碳及綠色能源相關議題等相關資料分析，拓展校務永續品牌與競爭力。 6.對碳排管理及能源管理與驗證（ISO14064、ISO5001）具有概念並能協助相關認證行政工作。 7.協助定期召開永續會議，追蹤學校永續發展成效，並納入校務研究系統。 8.其他主管交辦事項。		性高者。 5.對環境、社會責任議題（CSR、或稱ESG）各項議題有高度興趣與責任感，並具備社會趨勢觀察能力。

環穎科技股份有限公司	環境管理專案經理／副理	其他專業／科學及技術業	1.政府專案計畫的規劃、執行與追蹤檢討。 2.企業溫室氣體、碳足跡輔導。 3.具備溫室氣體減量專案、企業社會責任（CSR）、產品生命週期評估、碳足跡等執行經驗尤佳。	不拘	未填寫
信星資訊股份有限公司	溫室氣體盤查顧問	電腦軟體服務業	1.進行ISO14064-1溫室氣體盤查輔導，協助客戶通過 ISO 國際認證。 2.進行 ISO14067產品碳足跡輔導，協助客戶通過 ISO 國際認證。 3.輔導、教育訓練規劃及執行與文件產出。 4.公司文案、教材之撰寫及簡報製作。 5.其他主管交辦事項。	專案溝通／整合管理	未填寫

智勝科技股份有限公司	220903 環保工程師	其他半導體相關業	1.環保類（空、水、廢、毒）資料統計及申報作業。 2.各項環保專案／ISO 系統認證之規劃與執行。 3.評估、規劃及推動國際及客戶 ESG 相關要求。 4.溫室氣體盤查減量及碳中和議題推動。 5.節能、節水、減廢及資源回收再利用推動。 6.主管交辦事項之辦理。 7.具乙級空氣汙染防制專責人員、乙級毒性化學物質專業技術管理人員、廢棄物處理相關經驗者尤佳。 8.具有環保相關稽核工作經驗者尤佳。 9.環保、化工相關科系。	不拘	未填寫

財團法人國家實驗研究院	儀科中心──智慧機械與製造組──誠徵研究人員（能環）1名	政府／民意機關	1.執行能源專案計畫規劃、撰寫、追蹤、結案與成果展現。 2.節能產業與淨零排碳分析與研究。 3.環境物聯網數值分析與場域驗證。 4.主管交辦事項。	不拘	1.碩士（含）以上／環境、化學、工業工程等相關科系。 2.有建立模型分析與 AI 演算法相關知識與經驗者佳。 3.具執行過環境管理政策相關工作經驗者佳。
華新麗華股份有限公司	永續技術研究工程師	其他機械製造修配業	1.上游原料及中下游材料的技術、生產成本及投資評估。 2.回收材料的市場、產業、技術可靠度、生產成本及投資評估。 3.能源相關議題研究。 4.綠能及減碳技術的評估及導入。 5.新產品的工廠生產輔導。	不拘	未填寫
佳龍科技	環安衛工程師（環	其他相關	1.具環保（空、水、廢、毒、關	協助 ISO ／OHSAS 與環保	具備甲級以上環保相關證照者佳

工程股份有限公司	科廠）	製造業	注性化學品）等許可申請、申報及檢測相關工作經驗者佳。 2.熟悉環保、消防及職業安全衛生相關法令。 3.執行廠區工安、環保業務稽核及缺失改善追蹤。 4.執行定期及不定期環安衛現場巡檢，以及督導危險性作業安全。 5.具備工安、環保證照者佳。 6.碳足跡盤查與節能減碳專案執行。	相關認證工作、執行安全衛生督導及稽核、規劃實施勞工作業區域環境檢測、廢棄物管理與申報處理	（水、空、廢、毒）。 具備職業安全衛生管理相關證照者佳。
中興保全科技股份有限公司	ESG永續發展管理師（行政本部）	網際網路相關業	1.配合主管機關執行溫室氣體盤查／碳盤查作業。 2.協助ESG專案，參與規劃執行及彙整。 3.協助公司年度永續報告書（中	專案溝通／整合管理、提案與簡報技巧、協助ISO／OHSAS與環保相關認證工作	未填寫

			英文版）撰寫。 4.彙整分析 ESG 趨勢。 5.建立 ESG 相關公司內化程序，進而發展公司內部 ESG 識別與文化。 6.參與各項總務工作活動。		
永豐餘工業用紙股份有限公司	[儲備工程師] 能源管理（臺灣）──菁英人才招募計畫（桃園新屋）	紙相關製造業	1.能源新創技術開發結合引用淨零排碳。 2.綠能／儲能設備操作管理。 3.專案任務指派。	不拘	1.歡迎社會新鮮人投遞，工作經驗三年內者尤佳。 2.計畫內容多元，可輪調不同單位學習。
啟碁科技股份有限公司	REQ_22081896 M00010 環安衛主任工程師（環保）	通訊機械器材相關業	1.全球碳管理計畫規劃、推動及整合。 2.全球 ESG-環保永續專案規劃、推動及整合。 3.全球環保及 ESG 智能管理導入與維運。 4.廠區空汙、水汙、廢棄物、毒	不拘	1.熟悉職安衛法令及其他相關國際標準／規範。 2.有RBA、CSR、ISO45001、TOSHMS 及損防管理運作經驗。 3.具觀察力、問題分析能力及專案規劃能力。 4.良好溝通技巧

			化物等汙染防制業務（專案）協作管理。 5.規劃及推導全員環境教育訓練，建立公司綠色文化。		及表達能力（擔任內部講師）。 5.有環保相關證照（空汙、廢水、廢棄物、毒化物）尤佳。 6.可配合出差或假日出勤。
耀睿科技股份有限公司	溫室氣體盤查查證員	檢測技術服務	從事溫室氣體盤查主導查證人員及碳足跡計算查證人員等工作。 需有 ISO14064-1/-2 溫室氣體主導查證人員及 ISO14067 碳足跡計算查證員並取得 ISO14065 認證資格。	不拘	未填寫
華新麗華股份有限公司	能源管理工程師（工作地點：臺南鹽水／臺北市信義區皆可）	其他機械製造修配業	1.集團能源&碳管理專案規劃與執行。 2.集團能源&碳管理專案執行&進度追蹤。 3.集團能源管理&碳管理資訊整合管理系統管理。	不拘	ISO 14064、ISO 50001、ISO 14001 尤佳

			4.永續綠色供應鏈推行。		
安永聯合會計師事務所	【氣候變遷及永續發展／ESG諮詢服務】環境組——顧問／資深顧問	會計服務業	企業氣候相關風險評估與分析，或企業環境、能資源及氣候相關ISO或管理系統服務等，工作及學習內容包含企業ESG風險管理及相關風險財務影響評估等工作。 主要責任 1.執行諮詢顧問專案。（資深顧問：應有能力了解和掌握客戶需求和期望，以專業和品質導向，領導團隊發展對應的工作與執行範疇）。 2.少量業務開發工作及對外活動規劃。 3.學習新專業領域並開發新服務。	不拘	1.具團隊精神及良好溝通表達能力；對於永續發展／CSR議題有熱忱；主動積極、工作有效率且能獨立作業。 2.良好的工作效率與專案管理能力。 3.擅長資訊收集分析，具良好的簡報或報告撰寫能力。 ——具以下經驗者尤佳： * 對氣候相關財務揭露、SBTi、碳及能資源管理、企業ESG風險管理、企業環境相關的財務影響評估等具備經驗、熱忱和敏銳度。 * 執行企業經營管理分析、市場分析、風險分析

					專案之經驗。 * 具 TCFD、環境、能資源及氣候相關 ISO 或管理系統等相關證照。 * 具企業產品生命週期評估、企業環境績效分析、物質流成本分析等經驗。 * 熟悉 SimaPro 操作。
臺虹科技股份有限公司	環境管理系統工程師及儲備主管	其他電子零組件相關業	1.推動ISO14001、ISO14064、ISO14067、PAS2060 等系統驗證及管理。 2.辦理環境教育訓練，推動低碳生活、生活環保及綠色循環等宣導，提升同仁相關概念。 3.推動各部門訂定年度環境績效指標，並定期提報成果。 4.環保相關法令查核及鑑別。	不拘	具有任一張甲級專責人員結業證書者尤佳

			5.主管交辦事項。		
臺灣碳淨零股份有限公司	碳淨零專案業務	工商顧問服務業	1.推廣臺灣碳淨零企業聯盟，對碳淨零有強烈需求的企業聯繫開發。 2.推廣臺灣碳淨零學院課程，進行 to B 及 to C 的招生工作。 3.推廣大型活動及進行活動邀約。 4.擅長陌生開發、喜歡對外拓展與人接觸溝通， 5.業務指標達標，會提撥業務獎金。	業務或通路開發、業績目標分配與績效達成、客戶情報蒐集、產品介紹及解說銷售	1.有基本的 ESG／碳淨零產業知識與產業研究習慣。 2.能夠承擔壓力獨立扛業績。
璨揚企業股份有限公司	ESG 永續專員	汽車及其零件製造業	1.協助企業建立永續發展機制及中長程策略、淨零路徑規劃、永續發展文化。 2.執行企業永續發展相關專案管理。	不拘	具備 ISO 國際證照者尤佳，如 ISO 14064-1、ISO14064-2、ISO 14067、ISO 14001、ISO 50001、ISO 20400、

			3.申請政府相關專案與獎項（例如：淨零排碳、清潔生產等）。 4.編撰永續／企業社會責任報告書（CSR/ESG Report）、公司網頁ESG維護。 5.組織溫室氣體盤查（ISO 14064-1）、產品碳足跡（ISO 14067）、能源管理（ISO 5001）等系統稽核。 6.其他主管交辦事項。		ISO 26000、PAS 2060等
福又達生物科技股份有限公司	溫室氣體盤查查驗員 Greenhouse Gases Auditor	藥品／化妝品及清潔用品批發業	1.負責客戶溫室氣體盤查作業。 2.協助客戶溫室氣體盤查相關輔導作業。 3.製作溫室氣體盤查與查驗報告。	不拘	1.電腦技能：熟office相關軟體工具。 2.專業專長：有協助參與或負責ISO 14000或ISO 14064或ISAE 3410查驗或輔導相關工作經驗尤佳。 3.有協助或參與製造業或環境工程相關專案。

立境環境科技股份有限公司	專案工程師（高雄）	其他專業／科學及技術業	1.空氣品質分析、排放量推估與規劃管理。 2.溫室氣體盤查與減排管理。 3.汙染源稽查與減量輔導。 4.環境教育、節能減碳相關宣導活動規劃與辦理。 5.專案執行、資料統計分析、報告撰寫、簡報製作。 6.其他配合專案執行之工作。	不拘	1.具相關工作經驗或相關科系者佳。 2.具空氣品質模式模擬能力者優先錄取。 3.具備文書處理、統計分析、簡報製作能力者佳。 4.具環工相關證照或資格者佳。 5.具外語能力者佳（TOEIC 650以上）。
國立成功大學—產學創新總中心	【111年產博後計畫】瑞昶科技股份有限公司—工程部工程師（限博士）	大專校院教育事業	1.熟悉節能減碳、低碳永續等相關議題、政策發展以及具備研析能力。 2.推動低碳／生態城市發展、產業碳風險管理。 3.最適化環境管理策略規劃。	不拘	具有化學、化工或環工背景
新東陽股	【桃園大園廠—	食品什貨	1.ISO14001相關管理系統推動。	不拘	未填寫

份有限公司	管理課】環安管理師	零售業	2.產品碳水足跡認證推動。 3.綠色環保相關執行。		
美食家食材通路股份有限公司	溫室氣體排放調查專員	食品什貨批發業	1.從事溫室氣體盤查主導查證人員及碳足跡計算查證人員等工作。 2.制訂相關辦法及安排教育訓練、協助認證。 3.協助召開管理會議。 4.其它主管交辦事項。	勞工安全相關法規、執行安全衛生督導及稽核、擬定各項安全衛生管理辦法、工作安全與環保衛生	1.年薪依公司獲利情況而定（過去 5 年平均每年 15 個月以上）。 2.有相關經驗者尤佳。 3.可配合團體合作者。
進階管理系統整合顧問股份有限公司	溫室氣體／碳足跡顧問師—北中南	工商顧問服務業	1.進行ISO14064-1 溫室氣體盤查輔導，協助客戶通過 ISO 國際認證。 2.進行 ISO14067 產品碳足跡輔導（盤查、分配、計算……等），協助客戶通過 ISO 國際認證。 3.輔導、教育訓練規劃及執行與	不拘	1.曾接受過相關溫室氣體盤查、碳足跡訓練者。 2.如有品質、環安衛、能源管理系統執行或輔導經驗者尤佳。 3.有生命週期評估軟體操作經驗者尤佳。 4.積極進取、善於溝通。 5.上述為參照條

			文件產出。 4.公司文案、教材之撰寫及簡報製作。 5.公司主管交辦事項之配合。		件，非決對錄取條件，本公司提供完善教育訓練，徵求願意學習的你／妳。 6.工作多樣且具挑戰性，適合厭倦待在固定辦公室的你／妳。
工研院──財團法人工業技術研究院	工研院綠能所──節能推動工程師（G400）	其他專業／科學及技術業	1.產業節能技術推廣、輔導。 2.節能標竿競賽平臺推動與案例推廣。 3.用電資訊及節電成效分析。 4.節能政策、城市能源治理等議題推動策略規劃。	不拘	1.碩士（含）以上，工業工程、電機工程、機械工程等相關系所。 2.請檢附相當於TOEIC 650分之英語測驗成績證明，如無法提供，將安排參加本院英文檢測。
晉椿工業股份有限公司	環安工程師	鋼鐵基本工業	1.碳足跡相關工作。 2.負責ISO 14001 &45001。 3.甲級業務主管或乙級安全衛生管理員證照。 4.主管交辦事項。	勞工安全相關法規	未填寫

臺灣永續價值股份有限公司	氣候變遷與永續發展／ESG資深顧問／顧問	工商顧問服務業	1.協助企業制定永續策略並優化現行永續管理組織與管理機制、建立永續文化。 2.協助企業制定ESG品牌策略並與相關事務連接。 3.協助客戶導入各項國際準則，包括：TCFD、SASB、RBA、SBTi、赤道原則、責任投資原則、責任保險原則、責任銀行原則、機構投資人盡責守則等。 4.協助企業建立永續供應鏈及相關ESG管理程序優化。 5.協助企業編撰永續/企業社會責任報告書（CSR/ESG Report）。 6.其他工作事項：	不拘	1.具團隊精神及良好溝通表達能力；對於永續發展／ESG議題有熱忱；主動積極、工作有效率且能獨立作業。 2.熟悉或有意願發展企業永續品牌相關作為。 3.熟悉或有意願發展企業永續優化之相關內容。 4.熟悉或有意願發展企業相關的再生能源領域法規、趨勢研究。 5.良好的專案管理能力。 6.擅長資訊收集分析，具撰寫優質報告能力。 —具以下經驗者尤佳： * 對氣候相關財務揭露、SBTi、碳及能資源管理、企業ESG風險管理、企業環境相關的財務影

			──參與新服務開發。 ──利用新工具研發方法論，持續學習並創新、分享知識予團隊成員，同時優化服務效率與流程。 ──部門行政、行銷活動事務。 7. 服務項目如下： ──TCFD、SASB、碳策略分析、SROI、LBG、PRI、PSI、PRB。 ──環境、能源及氣候相關 ISO 或管理系統、SBTi、內部碳定價。 ──永續服務：ESG/CSR 報告書、CDP、DJSI 及其他永續服務。 主要責任： 1.執行諮詢顧問		響評估、國際供應鏈採購或稽核實務等具備經驗、熱忱和敏銳度。 * 執行企業經營管理分析、市場分析、品牌策略、風險分析專案之經驗。 * 具 TCFD、環境、能資源及氣候相關 ISO 或管理系統等相關證照。

			專案。（資深顧問：應有能力了解和掌握客戶需求和期望，以專業和品質導向，領導團隊發展對應的工作與執行範疇）。 2.少量業務開發工作及對外活動規劃。 3.學習新專業領域並開發新服務。		
銳思碳管理顧問股份有限公司	環境永續顧問 Environmental Sustainability Consultant	工商顧問服務業	Deliver complex environmental consulting projects in a fast-paced environment -Develop innovative sustainability strategies, tools, and programs that drive impactful change for corporate clients -Produce client-ready reports and	專案成本／品質／風險管理、專案時間／進度控管、專案規劃執行／範圍管理、專案溝通／整合管理、提案與簡報技巧	• 2+ years' experience in environmental sustainability consulting or a related field • Expertise in subjects such as carbon, energy,water and waste management, climate change, sustainability strategy, stakeholder

			presentations, clearly communicating actionable advice and a compelling business case to decision-makers -Lead client workshops or meetings -Keep abreast of trends in a fast-moving market and ensure that RESET services offerings reflect current market risks and opportunities -Develop client-ready project concepts working with RESET's senior management team -Establish professional networks in key sectors and		engagement, and environmental impact reduction • Robust quantitative skills and analytical capability （with Excel or other tools） • Excellent written and verbal communication skills • Strong time management and organization • A proactive attitude and the creativity and ability to work from a blank page • Strong verbal and written in English and

			support RESET's senior management team to bring new service offerings to market -Represent RESET in public forums as appropriate		Mandarin • Willingness to undertake occasional business travel（when condition permits） 【Nice to Haves】 • A Master Degree in a related field • Candidates with 5+ years of working experience in a related field may be considered for the role of Senior Consultant
共價鍵技術服務股份有限公司	永續管理師	工商顧問服務業	1.碳足跡輔導。 2.水足跡輔導。 3.溫室氣體盤查輔導。 4. ISO14001/ISO 45001 管理系統建置輔導。	專案時間／進度控管、專案溝通／整合管理、協助 ISO/OHSAS 與環保相關認證工作、工作安全與環保衛生	1.具備資料整理能力及人際互動技巧。 2.具有良好的語言表達能力。 3.對環境、社會責任議題（CSR、

			5.執行環境、社會責任、工安教育訓練。 6. ESG/SDGs 準則教育訓練及教材製作。 7.其他主管交辦事項。		或稱 ESG）各項議題有高度興趣。 4.具備社會趨勢觀察能力。 5.需出差，有相關證照為佳。 6.需自備小型自用車。
KPMG_安侯建業聯合會計師事務所	【顧問部】副理／經理／協理（氣候變遷及企業永續發展）-361C	會計服務業	1.負責永續／ESG 相關專案管理與執行。 2.推動業務開發工作（如市場分析、提案準備、客戶拜訪等）。 3.帶領新業務／服務研析與發展、合作夥伴拓展、聯繫溝通。 4.協助所內跨部門公共事務溝通事宜，及規劃、執行ESG相關行銷活動。	不拘	1.具紮實 ESG／永續知識與實務經驗，且對該議題有熱忱。 2.對市場趨勢、客戶需求具敏銳度，可妥善維護客戶關係。 3.擅於專案管理、團隊管理與時間管理。 4.具備良好內、外部溝通協調能力。 5.可配合海內外出差。 6.流暢中英文閱讀、溝通及寫作能力；有跨國溝通／工作經驗佳。

					7.具備下列經驗或專業者尤佳： A.產業永續實務（企業永續辦公室或相關職能）。 B.永續報告書編製。 C. ESG評比與績效提升，及／或企業ESG績效評估。 D.環安衛管理（盤查／管理系統導入／認證）。 E.碳管理（ISO 14064-1 組織型盤查／ISO 14064-2 專案型減量／ISO14067 產品與服務碳足跡／查證與認證作業）。 F.氣候風險管理／情境分析。 G.人權及永續供應鏈管理。 H.風險管理。 I.金融業永續實務。

英屬維京群島商慧紡國際貿易有限公司臺灣分公司	集團永續發展經理	鞋類／布類／服飾品批發業	1.規劃與推動ESG 專案或活動。 2.協助集團內各子公司推動 ESG 專案之執行、管理、問題追蹤及解決。 3.指導工廠應對客戶及外部稽核並提改善建議。包含碳排放、廢水排放、人權議題等。 4.制定工廠環境安全等相關政策，並推展執行，以確保工廠環境與各項政策合法合規。 5.配合客戶驗廠。 6.需不定期出差到德國、美國拜訪客戶。	不拘	1.具備 ESG 實務經驗。 2.需可接受集團職位輪調。 3.具鞋業、紡織業經驗者尤佳。 4.具備德文溝通能力者尤佳。
SGS_臺灣檢驗科技股	【擴大徵才】能源管理稽核員（高雄）	檢測技術服務	1.能源管理系統稽核作業。 2.水資源管理系統稽核作業。 3.永續經營相關	不拘	1.二年以上工廠廠務運作實務經驗（熟悉用水效率／節水方案等規劃）。

份有限公司			查驗證產品之協助開發與專案管理。 ◆後續發展：溫室氣體查證／碳足跡／水足跡查證		2.熟悉 ISO 50001 /ISO 46001 或具備能源診斷經驗。
優樂地永續服務股份有限公司	永續顧問（永續管理師）	工商顧問服務業	熟悉永續報告書準則與內容架構，了解如何蒐集資訊、撰寫。 熟悉各類ESG議題，能獨立執行專案企劃、執行熱於學習永續管理方法學，如ISO 相關標準等，熟悉碳中和、碳管理議題佳。	專案成本／品質／風險管理、專案時間／進度控管、專案溝通／整合管理、提案與簡報技巧、實體活動規劃與執行、網路活動規劃與執行、研討會／講座活動規劃與執行	1.對永續議題有高度熱忱，會持續自我學習充實。 2.喜歡嘗試創新，找尋各種方案滿足客戶需求。 3.擁抱數位科技，喜歡體驗各種線上互動、線上學習、社群媒體。 4.具有一定的工作經驗，樂於團隊合作，能自主管理進度、主動回報。
領導力企業管理顧	環境永續管理師——顧問部門（臺	工商顧問服務業	1.碳足跡輔導。 2.水足跡輔導。 3.溫室氣體盤查輔導。	執行安全衛生督導及稽核、工作安全與環保衛生	1.具備資料整理能力及人際互動技巧。 2.具有良好的語

問有限公司	中辦公室）		4. ISO14001/ISO 45001 管理系統建置輔導。 5.執行環境、社會責任教、工安育訓練。 6. ESG/GRI/SDGs準則教育訓練。 7.國際新標準開發及教材製作。		言表達能力。 3.對環境、社會責任議題（CSR、或稱 ESG）各項議題有高度興趣。 4.具備社會趨勢觀察能力。 5.需出差，有相關證照為佳。
鎔利興業股份有限公司	環境管理專員	塑膠製品製造業	1.國內外環保法規諮詢因應。 2.國內外永續發展、循環經濟、資源管理、碳管理等相關資料整合及應用。 3.負責企業社會責任（CSR）／永續發展／環境──碳管理系統等，系統導入與資訊整合。 4.各類標準化系統建立與執行監督。 5.其他主管交辦事項。	不拘	1.對 ISO、CSR及永續議題有興趣並願意長期投入；熟悉和了解相關背景知識者優先考慮。 2.具獨立作業與思考能力。 3.溝通及表達能力佳。 4.具整合及 multi-tasking skills。 5.具備英語閱讀與中文寫作能力。 6.熟悉 word、excel、pdf 及 powerpoint 操作。

					7.專案時間／進度控管、專案規劃執行／範圍管理、專案溝通／整合管理、顧客關係管理、文書處理軟體操作。 8.具 ISO 9000、ISO 14000、ISO 45001、SA 8000 相關系統建立與執行。
遠傳電信股份有限公司	E8502 企業暨國際事業群—能源管理稽核師（ESG）	電信相關業	1.智慧城市系統架構規劃：規劃工作內容、服務建議書、各期報告、執行專案、維運。 2.顧問式銷售：協助規劃永續發展策略目標，執行企業永續發展相關專案管理控管。 3.協助各部門及廠區推動專案之執行、管理、問題追蹤及解決。 4.協助部門進行淨零減排專案開	不拘	未填寫

			發、技術支援及協助推動公司永續經營策。 5.具節能、智慧大樓、碳盤查等經驗尤佳。		
萬那杜商興昂國際有限公司臺灣分公司	永續經營主管	鞋類／布類／服飾品批發業	1.協助推展集團和品牌客戶在永續經營的策略。 2.定期檢討現行永續經營制度（勞工／環境／健康安全等）符合品牌客戶和當地政府規範。 3.在各工廠端開展品牌客戶超合規評估工具（環境永續、能源和碳排放以及安全文化）。 4.為各地區工廠單位提供合規建議並對表現進行嚴格監控。 5.為各地區工廠單位建立合規工作自檢機制。 6.協助各地區工廠單位應對品牌	不拘	1. 3-5 年永續經營管理經驗，鞋業經驗優先。 2.熟悉第三方稽核流程及要求。 3.熟悉東南亞當地相關法律制度要求（勞工，環保等）。 4.英語能力良好。

			客戶及第三方稽核。 7.制定緊急應變計畫並執行。 8.對客戶當地業務窗口並定期進行報告。 9.協助各國家區工廠執行客戶超合規得分計畫。 10.與品牌客戶關係維持及溝通。		
銳思碳管理顧問股份有限公司	助理顧問 Assistant Consultant, Low Carbon Consumer Goods Practice	工商顧問服務業	• Provide technical support to RESET's major long term customer base and the continued evolution of their carbon management programmes including Science-Based and Net Zero targets and complex scope	不拘	• Excited by the opportunity to work in the rapidly evolving retail and manufacturing market • No bar on working experience（fresh grads are also applicable）but candidates with working experience on carbon solutions

			3 challenges. • Support projects with major multinational companies and forge and maintain long-term relationships with leading customers seeking to drive long term reductions in their carbon footprint. • Participate in the development of RESET's rapidly growing teams in Hong Kong and other strategic Asian locations • Support the senior team members in evolving RESET's technical		including strategy development, carbon accounting and inventories, reduction target setting and the implementation of carbon targets will be preferred. • Strong MS Excel skillset is essential • Strong report writing skills • Demonstrated technical presentation skills • Native or fluent in English, Mandarin fluency a plus

			approach and integration of new carbon standards and accounting methodologies as the market matures. • Prepare presentations and reports for leadership and stakeholder meetings and workshops. • Contribute to the development of new toolkits and content as part of tactical delivery of the programmes. • Researching and analyzing information for report generation and recommendations. • Work		

			collaboratively with the Senior Consultant and the integral team.		
財團法人中衛發展中心	G7-農業輔導顧問	工商顧問服務業	1.負責農業或農民團體、淨零碳與環保循環經濟相關輔導執行推動。 2.協助部門工作輔導與行銷活動推廣推動發展。 3.農業與環保淨零碳相關產業發展趨勢研究分析。	不拘	1.具行銷推廣、企業管理、環境保護等相關學歷背景。 2.具備企劃與產業輔導之職能及相關工作經驗。 3.簡報製作、Windows 11 作業系統與文書作業相關操作純熟。 4.統計分析軟體運用精熟為佳。
武漢機械股份有限公司	【研發設計部】能源管理工程師	通用機械設備製造修配業	1.追蹤能源、溫室氣體減量、節能減碳改善計畫進度與成效。 2.使用能源資料申報、處理能源相關業務。 3.廠內生產設備定期檢查及維護。	不拘	**無相關經驗可。 **具備能源管理人員合格證書及相關經驗者佳。

五、諮詢委員建議之課程與內容

本書邀請幾位諮詢委員進行問卷調查，分別針對其專業領域給予建議。另外也邀請顯示科技領域專家進行線上訪談，各諮詢委員意見如下所示：

1.通識類

1) A 委員建議「永續發展與能資源管理」，課程從全球永續發展的趨勢與綠色能源及循環資源管理層面引導學生了解基本觀念及基礎知識，由辨識初級環境資源與能源管理議題，進階至開發永續發展面向的能資源分析工具，以培養綠色專業管理人才。
2) A 委員建議「永續金融與 ESG」，課程從全球治理及政治經濟學的視角來討探永續金融及 ESG 的發展。為公司、金融機構和政府設計和執行溫室氣體排放清單，包括識別分析邊界、數據蒐集、排放水平計算和結果報告，對現有會計和報告標準以及溫室氣體減排目標設定與評估。
3) B 委員建議「永續碳管理」，課程將從地球永續發展係 21 世紀人類共同的願景，為實現 2060 年實現碳中和的目標，藉由課程了解碳排放法規政策、計算產品碳足跡以及如何制定碳中和實施路徑。
4) B 委員建議「淨零生活轉型」，課程將從政府以 2050 淨零目標為出發點提出「淨零生活」的重要方向，可藉由課程共同思考「淨零生活」多元做法，提升全民對氣候變遷及淨零轉型之認知與共識。

5) C委員建議「經濟發展與氣候變遷之平衡」，課程將從從認識什麼是淨零、負碳排、碳中和、氣候中和開始，討論如何應對氣候危機，與對企業發展的衝擊並進一步從不同的社會、環境、經濟和政治環境的變化來剖析與落實未來包括碳揭露（碳盤查與碳足跡計算）、碳減量與碳中和的淨零排放目標。

6) C委員建議「永續發展與社會之可能應變」，課程將從了解各種溫室氣體出發，與目前國際上知名企業如何朝淨零碳排發展之規劃開始，討論目前臺灣各類型企業，可借鏡參考的方向與做法。

7) E委員建議「永續地球環境與SDGs」，課程主要為導入與地球環境永續相關的內容，包含地、氣、水圈的環境議題及其對應的SDGs永續指標，並引導學生掌握SDGs的對策與執行方向。

8) E委員建議「IPCC解讀」，本課程針對最新版IPCC氣候變遷評估報告，包含第一工作小組之物理科學基礎、第二工作小組之衝擊、調適與脆弱度、第三工作小組之減緩氣候變遷等三大主題，透過導讀與邀請專家學者與談方式，讓學生共同參與研析重要科學發現與關鍵資訊，並連結探討國內面對氣候變遷治理的創新思維，完善氣候科學、調適與減緩之知識轉譯。

9) F委員建議「歐盟淨零減碳趨勢」，歐盟在氣候變遷、

ESG 與減碳議題都是全球領先，課程內容可介紹歐洲這些法規制訂對全球與臺灣的影響，使學生大致了解淨零減碳的相關國際趨勢與其他國家或各地企業需因應的未來走向。

10) F 委員建議「臺灣淨零減碳法規與企業因應」，臺灣 2050 淨零碳排目標已經制定，策略的制訂會影響國家與企業未來的整個方向，課程內容可以介紹國家淨零排的法規政策，也可加入部分案例讓學生了解臺灣必須與全世界在減碳議題接軌，對國際社會也有所貢獻。

11) G 委員建議「淨零減碳與永續發展」，課程將探討溫室氣體排放與其對環境健康社會之衝擊。

12) G 委員建議「綠色金融與淨零減碳」，課程將探討綠色金融與其對淨零減碳之影響機制。

13) H 委員建議「循環經濟的材料選擇與環境」，1. 產業間上下游的鏈接是社會分工的常態。在跨領域的通識課程場域，讓不同院、系的學生，藉由全觀視角，學習計入環境成本的選擇，就不會因為系所就業的脈絡而陷入內部成本外部化的侷限視角。從材料入手，讓學生可以藉由看得到摸得著的生活體驗，與共同使用經驗，當作討論的起始點。可以參 Materials and the Environment: Eco-informed Material Choice（ISBN-10：0128215216; ISBN-13：978-0128215210）與美國大學相關課程教案 “The Final Straw: Incorporating accessibility and sustainability considerations into material selection decisions”。

14) I 委員建議「氣候變遷與人類及生態之相互影響」，課程主要探討氣候帶來人類與生態之衝擊與生存危機。
15) I 委員建議「ESG 對產業營運及社會、國家的影響」，課程將介紹主要國家與領導業者如何做 ESG 之規劃與管理。
16) J 委員建議「顯示科技的淨零排碳策略」，課程將聚焦在以下八項重點：
    - 淨零碳排的介紹
    - 淨零碳排的國際趨勢
    - 顯示科技的介紹
    - 顯示科技的廢棄物種類
    - 顯示科技的廢水處理
    - 顯示科技的空汙危害
    - 顯示科技的碳排盤查與碳足跡
    - 顯示科技的淨零碳排策略

2.工程類

1) B 委員建議「創新淨零技術」，課程介紹零碳或減碳的創新科技碳捕捉再利用及封存（CCUS）、氫能發電及運用之技術，了解產業淨零轉型。
2) B 委員建議「節能減碳技術」，課程檢視運輸、能源、氣候、政策條件，並評估創新技術能夠幫助減碳的潛力。
3) C 委員建議「科學技術於溫室氣體與節能減碳上之應用」，從化學的角度了解溫室氣體的產生與碳足跡相關科學，然後討論現今可能的固碳，減碳，與綠能科學技術在永續發展應用之可能性。

4) C 委員建議「淨零碳排與綠能發展」，了解各種綠能發電、儲能、節電之方法，與碳足跡議題，討論如何應用於交通運輸減碳、低碳電網、綠建築設計、至紡織業於染整與功能性布料之節能減碳作法。

5) E 委員建議「儲能原理與技術」，本課程的目標是理解目前的各種儲能技術和背後的運作原理，同時也能了解全球與國內的儲能發展、市場概況、能源政策等議題。內容涵蓋電池、電容、機械儲能、除熱、儲冰、液流電池、電轉氣與燃料電池等。內容上會著重於近年較為重要的鋰電池的技術與實務與整合應用（如電動車、再生能源、微電網等範例）。

6) E 委員建議「氫能與燃料電池」，這門課旨在介紹氫能源包括氫之生產、儲存與數種燃料電池的基本原理與操作，包括熱力學分析、電化學原理、傳輸現象與平衡方程式、單電池之組成元件、電池堆與燃料電池系統。

7) E 委員建議「風光電整合規劃與實務」，課程主要針對風能及太陽能的資源調查、資料分析、監測技術、及短期預報結合電力調度進行等知識建構，並說明風光發電之工作原理。

8) F 委員建議「綠能於電動車充電應用之趨勢與碳排效益」，電動車與綠色能源目前是國際發展的大趨勢，如何有效連結降低交通工具的碳排是未來的方向。課程內容可包含電動車的組成與製造時的碳排，後續生命週期完結時，電池與其他材料零件的循環應用，另外綠色電力的介紹與搭配電動車能達到最完整的減碳效益說明。

9) F 委員建議「臺灣淨零排碳技術趨勢」，臺灣淨零碳排趨勢在 2030 前有各種不同的規劃，這些規劃其實搭配未來的發展趨勢，課程內容可以介紹各個面向的技術發展與減碳的效益，也可比較目前國外相關領域的發展趨勢使學生了解臺灣與全球的淨零減碳走向。

10) G 委員建議「碳足跡與淨零減碳」，課程主要聚焦在溫室氣體排放盤查、減量目標設定與評估。

11) G 委員建議「淨零減碳與新能源技術」，課程主要聚焦在創能、儲能、能源效率、能源流。

12) H 委員建議「循環材料與永續發展評估模式與案例」，1. 工學院學生除了先備的運算能力，對於淨零減碳，需要的是系統化的知識：如何設定淨零減碳目標、將限制轉換為邊界條件、將需求轉化為可以圖表溝通排序的運算式與數值。可以參考教科書 Materials and Sustainable Development（ISBN-10 : 0081001762，ISBN-13 : 978-0081001769）的章節編排與美國大學相關課程教案，例如：“Trash Teachings: How a Materials Science Module Series about Waste can Empower Engineering Students to be More Sociotechnically Responsible”。

13) I 委員建議「全球如何面對淨零減碳的危機與作為」，課程將討論從現在到 2050 有哪些技術可立即導入，哪些必須開發，會帶來哪些商機？

14) I 委員建議「從能源、製造、生態、循環的技術研發與挑戰」，各國工程科技投入重點及推動之商模與做法。

3.顯示科技類

1) B 委員建議「智慧顯示低碳技術」，臺灣顯示器產業投入智慧製造進行製程改善、建構綠色供應鏈、擴大投資再生能源等方式，積極強化製程減碳作為，課程介紹應用大數據分析及 AI 應用機器學習等智慧製造，了解未來低碳製程及低碳產品之發展。
2) B 委員建議「顯示科技綠色設計」，節能減碳議題，顯示科技檢視自身製程，從各面向落實永續，課程介紹新創設計將永續綠色概念融入其中，例如在材料上選擇以生物可分解材料取代塑膠，或在製程中導入綠色科技。
3) F 委員建議「顯示器科技減碳影響與材料循環技術應用」，顯示器的材料循環應用已經是國際發展的趨勢，其中許多部件材料都屬較高碳排，高比例材料的重複回收使用可有效降低產業的排碳量，課程可說明顯示產業的碳排來源，而材料重複使用可以得到環境、經濟與減碳的重要效益。
4) F 委員建議「國內顯示器科技於淨零減碳之發展」，顯示器協會為國內各相關企業所組成，整個供應鏈的上中下游都有含括，面對未來各國可能課徵的碳稅與 ESG 要求，企業都有其因應方式，課程可說明減碳對於顯示科技產業的重要性，可以由上中下游的顯示案例，說明國內目前顯示科技對於減碳的對應與貢獻。

5) I 委員建議「面板與顯示產業邁向淨零的科技與路徑」，從生產的碳盤查到導入淨零減碳的科技與科學路徑。

6) I 委員建議「從 Life Cycle 來規劃顯示產業的淨零」，從生產、使用到循環回收再利用，做到淨零減碳。

7) J 委員建議「淨零技術與顯示科技之連結」，課程將具焦在以下八大重點：

   1. 顯示科技的介紹
   2. 顯示科技的廢棄物種類
   3. 顯示科技的廢水處理
   4. 顯示科技的空汙危害
   5. 顯示科技的碳排盤查與碳足跡
   6. 淨零碳排的趨勢介紹
   7. 現今碳捕集技術
   8. 碳捕集技術與產業鏈結
   9. 顯示科技的淨零碳排策略

8) D 委員建議「顯示器技術的循環經濟」、「機臺減碳」、「顯示器金屬如何回收再利用」，內容包含顯示器產業淨零減碳的兩大趨勢：1.低碳顯示器技術開發。2.零碳低碳工廠設計。如何達到低碳顯示器技術開發仰賴工程技術，即為近期很熱門的電子紙、電子標籤等，然而如何達到節能減碳生產的製造技術，如 Robot 節能 20% 等技術對未來產業是很重要的。在整個產業鏈中加入循環經濟的概念，也是未來重要趨勢，先前電子業法規從可循環再使用塑膠，演變成現今的 GRS4.2 可分解塑膠，藉由法規的驅動，及一些品牌大廠，如蘋果手機已開始在產品中使用可回收金屬等品牌驅動的能力，對顯示科技產業將是一大衝擊並會帶來很大的商機。總歸而言，在顯示科技產業中對於減碳人才需求有以下四點：1.材料。2.能源。3.系統整合。4.跨領域，建議可以下列三大方向設計課程：1.顯示器技術的循環經濟。2.機臺減碳。3.顯示器金屬如何回收再利用。

9) K 委員建議高科技生產為臺灣目前的經濟發展重點，經濟安全將影響國家安全，而經濟安全則要靠能源安全。目前臺灣有 98% 為進口能源，其中化石能源佔 50%、天然氣發電佔 30%、核能佔 12%，其餘再生能及水庫發電等佔 8%，政府政策中期許將化石能源降至 30%，天然氣發電增加至 50%，核能及再生能源提升至 20%。鑑此，從整個大趨勢來看顯示科技產業，應先算出碳足跡以了解缺點在哪，而可從五個概念思考：1.在園區設置太陽能板。2.儲能。3.建造智慧微電網。4.綠色製程。5.綠色供應鏈。

4.其他建議

1) A 委員建議，企業所需的永續人才應具備有以下基礎能力與知識：1.對於永續發展／ESG 議題有基本認識，主動積極且能獨立作業。2.熟悉企業永續品牌管理相關知識並具有永續能源領域法規、科技趨勢。3.擁有國際能源管理師或了解 ISO 14001 以及 ISO 50001 者。4.良好溝通與報告架構規劃能力、具備邏輯思考與解決問題能力。5.可協助學生或 ISO-14064 碳盤查、ISO-14067 碳足跡查證師認證或 ESG 碳管理師認證。

2) H 委員建議以下幾點：

1. 就通識課的教學目標而言：產業間上下游的鏈接是社會分工的常態。陽明交大合校後，領域的跨度更大。因此通識課程效應也將可以創造出更多與其他學校不容易對話的院、系的學生腦力激盪。藉由通識課介紹上位的全觀視角，學習計入環境成本的選擇，創造不同系所職業別的產業角度的對話，出校門前就思辨為何部分環保回收產業產生內部成本外部化的現象。逐步建立有共識的對話基礎。
2. 就工學院的教學目標而言：期許課程設計讓學生有國際案例為參考，以建立未來臺灣國際貿易所需能計算循環成本的工程師。以提供企業策略選擇所需的試算人才庫。

3) I 委員建議，加強如何導入 ESG 及不同領域之專業，並談如何善用新的商業模式，建構新的淨零減碳產業與生活。

六、專家共識會議

本書於 2022 年 12 月 7 日中午 12:00 舉辦專家共識會議，

會議重點記錄如下：

C 委員

- 三個階段的規劃很好，學生能透過這樣的規劃循序漸進的學習。

F 委員

- 經管會已經開始要求，上市櫃公司做相關的碳管制。
- 目前工業區的廠商對於碳排相關議題以及法規蠻不熟的，但是品牌商卻會要求。
- 建議課程內容可以加入政府要求的相關法規，例如環保署或經管會之相關法規。

J 委員

- 顯示科技課程材料不該侷限於回收技術，回收已是過去式，循環才會符合 ESG 精神。
- 建議課程名稱可改名為「顯示科技能資源整合與循環技術」，著重於「循環」而非「回收」。
- 針對顯示科技產業碳盤查課程，工程類技術如何運用到顯示科技。舉例來說，友達目前已經做了多少碳盤查，去看公司還可以如何進步。
- 工程類課程再多貼近一點「顯示科技產業」。

B 委員

- 淨零可考慮所有溫室氣體，而減碳只有考慮「碳」；建議統一改成「淨零減排」，比較可能達到目標。
- 通識課程名稱將「永續」都排在課程名字的後面。
- 通識課第四門課移除「臺灣」字眼。

- 建議調整為綠色與「創新」能源技術，因為未來可能有更多不同種類的創新能源。
- 顯示科技課程不再提到永續發展，可以改成技術或策略。
- 與 J 委員看法一致，回收可以改成循環。

H 委員

- 提出推拉力的概念與其他相關計畫有差異性，對於了解未來就業的連結有幫助。
- 如果可以從 104 的職缺與人力資源取得相關連結，可以參考選擇這些課程之學生未來就業情況。

L 委員

- 比照國家發展委員會於2022年3月正式公布「臺灣2050淨零排放路徑及策略總說明」，本計畫將「淨零減碳」或「淨零碳排」統一為「淨零排放」。

七、彙整諮詢委員意見後所提之課程與內容

本書最終設計 10 門顯示科技淨零減碳創新課程意涵，整體課程設計如圖 4-1 所示，橫軸顯示 4 門通識類課程（「淨零排放與永續環境概論」、「能資源管理與永續發展」、「淨零排放對社會、國家與產業之影響」、「淨零排放與企業因應」）聚焦於顯示科技情境最低，其次是 3 門工程類課程（「創新淨零排放技術與應用」、「綠色與創新能源技術」、「儲能原理與技術」），而 3 門顯示科技類課程（「顯示科技

產業於淨零排放之發展策略」、「顯示科技能資源整合與循環經濟」、「顯示科技綠色製程與產品應用」）聚焦於顯示科技領域則最高。縱軸則表示個課程之技術應用意涵，於圖 4-1 中居上方之課程之技術應用意涵較低，居下方之技術應用意涵則較高。

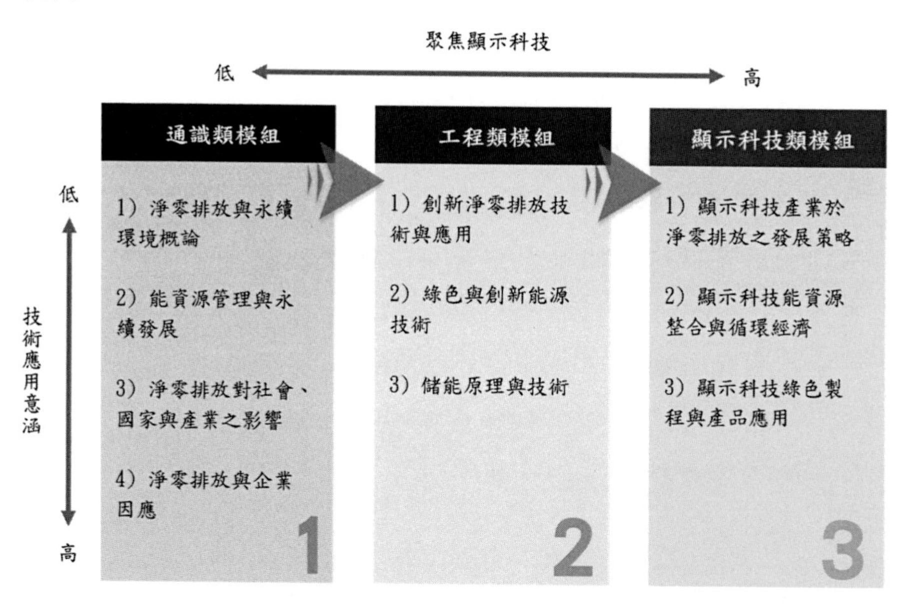

圖 4-1　顯示科技淨零減碳課程地圖

此 10 門課之課程內涵或方向如下所示：

1.通識類

1)　淨零排放與永續環境概論

由於氣候帶來人類與地球生態之衝擊與生存危機，本課程主要為導入與地球環境永續發展之相關內容，認識氣候變遷的衝擊、減碳認知、減碳態度、減碳行動、淨零、負碳排、碳中和、氣候中和開始，並討論如何從環境、經濟和政治的變化來剖析地球生態，以達到未來碳中和之永續發展目標，並引導學生掌握 SDGs 的對策與執行方向，以及培養相對應之社會責任。

2) **能資源管理與永續發展**

地球永續發展係 21 世紀人類共同的願景，本課程從全球永續發展的趨勢與綠色能源及循環資源管理層面開始，引導學生了解基本觀念及基礎知識，由辨識初級環境資源與能源管理議題，進階至永續發展面向的能資源分析，以培養綠色專業管理人才。課程中介紹綠色能源及循環資源管理、如何進行碳盤查、計算碳足跡，以及如何制定碳中和實施路徑。

3) **淨零排放對社會、國家與產業之影響**

歐盟在氣候變遷、ESG與減碳議題都是全球領先，臺灣政府亦以 2050 淨零目標為出發點提出「淨零生活」的重要方向。本課程帶領學生共同思考如何透過「淨零排放」之面向促進永續發展，並思考淨零排放對社會、國家與產業之影響。先進國家如何做淨零排放之規劃與管理？國際趨勢為何？對臺灣社會與產業之影響為何？使學生了解如何因應全球淨零排放之趨勢。

4) **淨零排放與企業因應**

臺灣政府已制定 2050 淨零碳排之目標，政府政策會影響國家與企業未來的整個方向。本課程可介紹例如環保署或經管會公布之淨零排放相關法規與政策，並分析國際知名企業案例，探討目前臺灣各類型企業應如何借鏡以達到國際淨零排放之標準。課程並含括企業碳管理與企業碳足跡分析為主軸，包含例如能源效率、低碳燃料替代、可再生能源證書、生命週期分析以及使用碳捕獲等新技術，以幫助企業降低碳排放量。

2.工程類

1) **創新淨零排放技術與應用**

本課程介紹淨零排放之創新科技，例如了解各種綠能發電、儲能、節電、碳捕捉及封存之技術方法。亦探討創新淨零排放技術如何應用於顯示科技、智慧交通、低碳電網、智慧電網、綠建築設計之節能減碳。再從能源、製造、生態、循環的角度，探討工程科技之投入重點與可能之商業模式。

2) **綠色與創新能源技術**

綠色能源來自天然資源，通常為可再生能源，排放很少或不排放溫室氣體。藉由綠色能源與創新能源技術之介紹，有助於對淨零排放之進一步認識。課程可包含：1.綠色能源技術現況與發展（太陽能、風能、水力、地熱、氫能、核能、生質能、生質燃料）。2.綠色能源技術優缺點評估。3.綠色能源技術經濟效益評估。4.運用創新能源技術增加能源使用效率。

3) **儲能原理與技術**

本課程的目標是理解目前的各種儲能技術和背後的運作原理，同時也能了解全球與國內的儲能發展、市場概況、能源政策等議題。內容涵蓋電池、電容、機械儲能、除熱、儲冰、液流電池、電轉氣與燃料電池等。內容重於近年較為重要的鋰電池的技術與實務與整合應用，例如電動車、再生能源、微電網等。

3.顯示科技類

1) **顯示科技產業於淨零排放之發展策略**

顯示科技包含 LCD、OLED、Micro-LED、Quantum Dot、電子紙、元宇宙等。臺灣顯示科技產業於整個供應鏈上中下游都扮演了重要角色，面對未來各國可能課徵的碳稅與 ESG 要求，顯示科技相關企業都有其因應方式。本課程說明淨零排放對顯示科技產業的重要性，臺灣顯示科技產業應如何透過對淨零排放有正面效益之發展策略，例如顯示科技產業碳排查、顯示科技智慧製造、創新材料及技術、高效率物流管理、人工智慧等，來提升全球競爭力，並促進顯示科技產業之韌性與永續發展。

2) **顯示科技能資源整合與循環經濟**

能資源整合與循環經濟已為國際發展之趨勢，顯示科技亦應重視能源與資源之使用效率，或應如何整合？本課程介紹顯示科技產業如何透過重新設計材料、製程與產品來減少廢棄物，或將廢棄物進一步轉換成製成所需之能源，可減少廢棄物運送成本，落實能源回收等負碳排概念。透過能資源整合來減少資源消耗，以確保資源能循環再生、達到循環經濟之目標。

3) **顯示科技綠色製程與產品應用**

檢視顯示科技之材料、綠色化學品、元件、製造、產品、產品應用、產品廢棄與產品再利用等整個過程，探討各個階段如何貢獻淨零排放。換言之，可以由綠色供應鏈以及產品生命週期之角度探討國內顯示科技對減淨零排放可能之作為與貢獻。本課程牽涉整個顯示科技之價值鏈，可透過各國於各階段之成功案例當作臺灣標竿對象，以提供臺灣顯示科技產品生產與應用之參考。

第五章　產出

1) 本書針對顯示科技領域，產出適合臺灣情境之顯示科技領域節能減碳課程意涵，共包含 10 門課，並建議每個課程所應具備之重點教學內涵，課程名稱如下所示：
   - 通識課程：「淨零排放與永續環境概論」、「能資源管理與永續發展」、「淨零排放對社會、國家與產業之影響」、「淨零排放與企業因應」。
   - 工程類課程：「創新淨零排放技術與應用」、「綠色與創新能源技術」、「儲能原理與技術」。
   - 顯示科技類課程：「顯示科技產業於淨零排放之發展策略」、「顯示科技能資源與循環經濟」、「顯示科技綠色製程與產品應用」。
2) 蒐集議題資料共 297 筆：
   - 國內基礎議題共 33 筆
   - 國內工程議題共 55 筆
   - 國內顯示科技相關議題共 41 筆
   - 國外基礎議題共 84 筆
   - 國外工程議題共 43 筆
   - 國外顯示科技相關議題共 41 筆
3) 蒐集國內外課程共 131 門：
   - 國內基礎課程共 38 筆

- 國內工程課程共 33 筆
- 國內顯示科技課程共 3 筆
- 國外基礎課程共 38 筆
- 國外工程課程共 19 筆

4) 蒐集重要關鍵字共 30 個，分別有包含通識類 13 個、工程類 12 個及顯示科技類 5 個。

5) 蒐集與節能減碳較相關之工作職缺共 243 個，其中包含光電領域人才可從事之節能減碳相關職缺有 64 筆資料。

參考文獻

Abraham, L. I. (2021, February 10). ESD 200: Sustainability Methods and Metrics [Text]. https://www-esdmphil.eng.cam.ac.uk/about-the-programme/prog-structure/core-modules/esd-200

Ahmad, M. (2022, September 26). Renewables: What's Next in Energy Storage Systems? EE Times Asia. https://www.eetimes.com/renewables-whats-next-in-energy-storage-systems/

AMD. (2022). AMD EPYCTM Energy Efficiency. https://www.amd.com/en/campaigns/epyc-energy-efficiency

Analog Electronics From Circuits to the Zero-Carbon Grid. (n.d.). Retrieved November 8, 2022, from http://student.mit.edu/catalog/m22a.html#22.071

Auo. (2022). LEED 廠房介紹一綠廠房. 友達光電企業社會責任. https://csr.auo.com/tw/environment/factory/leed

Banchik, L. (2022). How to succeed with carbon reduction initiatives | McKinsey. https://www.mckinsey.com/capabilities/strategy-and-corporate-finance/our-insights/on-target-how-to-succeed-with-carbon-reduction-initiatives

BOE. (2021). Corporate Social Responsibility_About Us_BOE

offic. https://www.boe.com/en/about/socialResponsibility

Carbon Footprints, Modeling and Analysis | Center for Industrial Ecology. (n.d.). Retrieved November 8, 2022, from https://cie.research.yale.edu/course/carbon-footprints-modeling-and-analysis

CDP. (2022). Stepping Up: RE100 gathers speed in challenging markets. RE100. https://www.there100.org/stepping-re100-gathers-speed-challenging-markets

Climate by Design. (n.d.). Retrieved November 8, 2022, from https://environment.harvard.edu/classes/sci-6244-climate-design

CORPORATION, S. (2021). Climate Change | Environmental Initiatives. Sustainability:SHARP CORPORATION. https://global.sharp/corporate/eco/environment/climate_change/

DARMSTADT. (2015). Merck Developing Liquid Crystal Smart Windows | Business | Jan 2015 | Photonics.com. https://www.photonics.com/Articles/Merck_Developing_Liquid_Crystal_Smart_Windows/p6/vo124/i795/a57083

Davis, S. J., Lewis, N. S., Shaner, M., Aggarwal, S., Arent, D., Azevedo, I. L., Benson, S. M., Bradley, T., Brouwer, J., Chiang, Y.-M., Clack, C. T. M., Cohen, A., Doig, S., Edmonds, J., Fennell, P., Field, C. B., Hannegan, B., Hodge, B.-M., Hoffert, M. I., ... Caldeira, K. (2018). Net-zero emissions energy systems. Science, 360(6396), eaas9793.

https://doi.org/10.1126/science.aas9793

Decarbonizing Urban Mobility. (2021, June 28). Environmental Solutions Initiative | Focusing MIT's Talents on the Interdisciplinary Environmental Challenges of Today. https://environmentalsolutions.mit.edu/classes/decarbonizing-urban-mobility/

DELL. (2022). 打造混合辦公・追求零碳未來──超美型、極高效、低碳排。https://www.digital-transformation.com.tw/ask/2022Q1/index

Eichhorn, K. (2022). Structural engineers hold the keys to carbon neutrality. https://www.arup.com/en/perspectives/structural-engineers-hold-the-keys-to-carbon-neutrality

EUROPEAN COURT OF AUDITORS. (2022). Review 01/2022: Energy taxation, carbon pricing and energy subsidies. https://www.eca.europa.eu/en/Pages/DocItem.aspx?did=60760

Gallego-Álvarez, I., Segura, L., & Martínez-Ferrero, J. (2015). Carbon emission reduction: The impact on the financial and operational performance of international companies. Journal of Cleaner Production, 103, 149–159. https://doi.org/10.1016/j.jclepro.2014.08.047

GHG EMISSIONS CARBON FOOT. (n.d.). Retrieved November 8, 2022, from https://vergil.registrar.columbia.edu/#/courses/SUMAK5035

Hashmi, M. A., & Al-Habib, M. (2013). Sustainability and carbon management practices in the Kingdom of Saudi Arabia.

Journal of Environmental Planning and Management, 56(1), 140–157. https://doi.org/10.1080/09640568.2012.654849

Hill, J. S. (2022, September 15). Tesla to install first 350kW V4 Supercharger with solar and Megapack in Arizona. The Driven. https://thedriven.io/2022/09/15/tesla-to-install-first-350kw-v4-supercharger-with-solar-and-megapack-in-arizona/

IEA. (2021). Net Zero by 2050—A Roadmap for the Global Energy Sector. 224.

ITU. (2022). Tech companies take steps towards net zero—ITU Hub. https://www.itu.int/hub/2022/06/tech-companies-take-steps-towards-net-zero/

Japan Display Inc. (2022). Japan Display: Solar Power Generation Start at China Manufacturing Subsidiary | MarketScreener. https://www.marketscreener.com/quote/stock/JAPAN-DISPLY-INC-16043763/news/Japan-Display-Solar-Power-Generation-Start-at-China-Manufacturing-Subsidiary-41028306/

JapanGov. (2022, June). Clean Energy Strategy to Achieve Carbon Neutrality by 2050. The Government of Japan - JapanGov -. https://www.japan.go.jp/kizuna/2022/06/clean_energy_strategy.html

Karsenty, A., Vogel, A., & Castell, F. (2014). "Carbon rights", REDD+ and payments for environmental services. Environmental Science & Policy, 35, 20–29. https://doi.org/10.1016/j.envsci.2012.08.013

Kerry, J. (2021). The Long-Term Strategy of the United States,

Pathways to Net-Zero Greenhouse Gas Emissions by 2050. 65.

Khatri, R. (2022, 21). Why the World Needs Carbon Literacy. OpenGrowth. https://www.opengrowth.com/resources/why-the-world-needs-carbon-literacy

korean IT news. (2022, September 5). Display industry demandto cut costs of renewable energy purchases. ETNEWS :: Korea IT News. https://english.etnews.com/20220905200004?SNS=00002

LCD 面板全循環技術。(n.d.)。工研院中文版。Retrieved November 10, 2022, from https://www.itri.org.tw/ListStyle.aspx?DisplayStyle=01_content&SiteID=1&MmmID=1162127241662511173&MGID=116213053023441507 4

LG. (2021). LG Display Outlines its Green Future by Cutting DownCO2-eq Emissions by 3 Million Tons in 2020 | LG Display Newsroom. https://news.lgdisplay.com/global/2021/04/lg-display-outlines-its-green-future-by-cutting-down-co2-eq-emissions-by-3-million-tons-in-2020/

McFarland, P. (2022, September 19). Federal Officials Expand Scope of National ‘Buy Clean’ Programs | 2022-09-19 | Engineering News-Record. https://www.enr.com/articles/54823-federal-officials-expand-scope-of-national-buy-clean-programs

Microsoft. (2022, March 10). An update on Microsoft’s

sustainability commitments: Building a foundation for 2030. The Official Microsoft Blog.

https://blogs.microsoft.com/blog/2022/03/10/an-update-on-microsofts-sustainability-commitments-building-a-foundation-for-2030/

Mishra, R., Singh, R., & Govindan, K. (2022). Net-zero economy research in the field of supply chain management: A systematic literature review and future research agenda. The International Journal of Logistics Management, ahead-of-print(ahead-of-print).

https://doi.org/10.1108/IJLM-01-2022-0016

Natural Climate Solutions: Feasible or Fantasy? (n.d.). Retrieved November 8, 2022, from

https://environment.harvard.edu/classes/espp-90m-natural-climate-solutions-feasible-or-fantasy

Nestlé Global. (2022). Our road to net zero. Nestlé Global. https://www.nestle.com/sustainability/climate-change/zero-environmental-impact

Opshell 馬路科技 | 臺南高雄 | 網站設計 | 網站製作 | Patty |. (n.d.). 永續能源導論。成大智慧半導體及永續製造. Retrieved November 8, 2022, from https://ais2m.ncku.edu.tw/?action=department&dpid=5&cn=affairs&cid=7

Oshiro, K., Masui, T., & Kainuma, M. (2018). Transformation of Japan's energy system to attain net-zero emission by 2050. Carbon Management, 9(5), 493–501.

https://doi.org/10.1080/17583004.2017.1396842

Ritchie, H., Roser, M., & Rosado, P. (2020). CO_2 and Greenhouse Gas Emissions. Our World in Data. https://ourworldindata.org/co2-and-other-greenhouse-gas-emissions

Samsung. (2022). Samsung Electronics Announces New Environmental Strategy – Samsung Global Newsroom. https://news.samsung.com/global/samsung-electronics-announces-new-environmental-strategy

Schaltegger, S., & Csutora, M. (2012). Carbon accounting for sustainability and management. Status quo and challenges. Journal of Cleaner Production, 36, 1–16. https://doi.org/10.1016/j.jclepro.2012.06.024

Schmidt, G. A., & Vose, R. S. (2021). Annual Global Analysis for 2021. 18.

Slorach, P. C., & Stamford, L. (2021). Net zero in the heating sector: Technological options and environmental sustainability from now to 2050. Energy Conversion and Management, 230, 113838. https://doi.org/10.1016/j.enconman.2021.113838

Sony. (2022). Sony Accelerates Net Zero Initiative—Sony Addict. https://sonyaddict.com/2022/05/24/sony-accelerates-net-zero-initiative/

Sustainability and Impact Investments. (2022, April 25). Professional and Lifelong Learning. https://pll.harvard.edu/course/sustainability-and-impact-investments

The Economist. (2022, March). Have economists led the world's environmental policies astray? The Economist. https://www.economist.com/finance-and-economics/2022/03/26/have-economists-led-the-worlds-environmental-policies-astray

The EU. (2021). Carbon Border Adjustment Mechanism. https://ec.europa.eu/commission/presscorner/detail/en/qanda_21_3661

The Wharton School. (2022, February 10). Wharton Launches Online ESG Specialization on Coursera. News. https://news.wharton.upenn.edu/press-releases/2022/02/wharton-launches-online-esg-specialization-on-coursera/

Transforming the Built Environment for Resilience and Sustainability. (n.d.). Retrieved November 8, 2022, from https://environment.harvard.edu/classes/envr-e-119-green-buildings-urban-resilience-and-sustainability-communities-0

TSMC. (2021). TSMC 2021 年報。https://investor.tsmc.com/static/annualReports/2021/chinese/index.html

UNFCC. (2015). The Paris Agreement | UNFCCC. https://unfccc.int/process-and-meetings/the-paris-agreement/the-paris-agreement

United Nations. (2022, July 31). Net Zero Coalition. United Nations. https://www.un.org/en/climatechange/net-zero-coalition

中國政府網。(2022，August)。碳達峰碳中和實施方案（2022-2030年）》政策解讀_解讀_中國政府網。http://www.gov.cn/zhengce/2022-08/18/content_5705885.htm

中華民國國家溫室氣體排放清冊報告環保署。(2021，September 1)。中華民國國家溫室氣體排放清冊報告。https://unfccc.saveoursky.org.tw/nir/tw_nir_2021.php

中華民國行政院公共工程委員會全球資訊網。(2017，May 24)。中華民國行政院公共工程委員會全球資訊網〔網頁〕。中華民國行政院公共工程委員會全球資訊網；中華民國行政院公共工程委員會全球資訊網。https://www.pcc.gov.tw/cp.aspx?n=5D06F8190A65710E&Create=1

企業永續實務。(n.d.)。Retrieved November 8, 2022, from https://nol.ntu.edu.tw/nol/coursesearch/print_table.php?course_id=541%20M0790&class=&dpt_code=5410&ser_no=19067&semester=105-1

光電生活與能源永續。(n.d.)。Retrieved November 8, 2022, from https://selcrs.nsysu.edu.tw/menu5/showoutline.asp?SYEAR=111&SEM=1&CrsDat=GEAE2616&Crsname=%A5%FA%B9q%A5%CD%AC%A1%BBP%AF%E0%B7%BD%A5%C3%C4%F2

臺灣大學。(2021)。臺大課程地圖。https://coursemap.aca.ntu.edu.tw/course_map_all/course.php?code=247+U1260

國家發展委員會。(2022)。臺灣 2050 淨零排放路徑。https://www.ndc.gov.tw/Content_List.aspx?n=FD76ECBAE77D9811&upn=5CE3D7B70507FB38

工程與專業倫理。(n.d.)。Retrieved November 8, 2022, from https://timetable.nycu.edu.tw/?r=main/crsoutline&Acy=110&Sem=2&CrsNo=1109&lang=zh-tw

平面顯示技術通論。(n.d.)。Retrieved November 8, 2022, from

https://web.ee.ntu.edu.tw/course_detail.php?CA_ID=5900

彭昱文。(2021)。國產攜手加拿大商導入碳礦化技術 | Anue 鉅亨一臺股新聞。https://news.cnyes.com/news/id/4748206

智慧型新能源管理系統整合碳管理。(n.d.)。Retrieved November 8, 2022, from http://class-qry.acad.ncku.edu.tw/syllabus/online_display.php?syear=0111&sem=1&co_no=M550400&class_code=

李珣瑛。(2022)。群創加速布局多元生態圈 發表彩色電子紙等多項產品 | 產業熱點 | 產業 | 經濟日報。https://money.udn.com/money/story/5612/6256571?from=edn_next_story

林婉婷。(2022)。【台積電進駐高雄】企業改善汙染與自帶綠電的責任 | 臺灣教會公報新聞網。https://tcnn.org.tw/archives/106688

永續治理。(n.d.)。Retrieved November 8, 2022, from https://timetable.nycu.edu.tw/?r=main/crsoutline&Acy=111&Sem=1&CrsNo=161042&lang=zh-tw

永續營建與生態工程。(n.d.)。Retrieved November 8, 2022, from https://nol.ntu.edu.tw/nol/coursesearch/print_table.php?course_id=521%20M7510&class=&dpt_code=5217&ser_no=20540&semester=100-1

永續發展與資源管理。(n.d.)。Retrieved November 8, 2022, from https://ipedu.site.nthu.edu.tw/p/405-1146-154953,c13188.php?Lang=zh-tw

永續金融與 ESG。(n.d.)。國立臺灣大學國家發展研究所。Retrieved November 8, 2022, from http://www.nd.ntu.edu.tw

/cp.aspx?n=23

環保署。(2021)。環保署說明碳費徵收規劃。https://enews.epa.gov.tw/page/3b3c62c78849f32f/eda88f0a-b3d0-4b10-a25b-1b2eddfd935d

經濟部淨零辦公室。(2022，July 31)。2050 淨零排放｜Net Zero｜經濟部｜MOEA. https://www.go-moea.tw

綠色和平氣候與能源專案小組。(2022，June 8)。碳中和是什麼？跟淨零排放有什麼不一樣？臺灣要如何做到淨零排放？Greenpeace 綠色和平 ｜臺灣。https://www.greenpeace.org/taiwan/update/30810/%E7%A2%B3%E4%B8%AD%E5%92%8C%E6%98%AF%E4%BB%80%E9%BA%BC%EF%BC%9F%E8%B7%9F%E6%B7%A8%E9%9B%B6%E6%8E%92%E6%94%BE%E6%9C%89%E4%BB%80%E9%BA%BC%E4%B8%8D%E4%B8%80%E6%A8%A3%EF%BC%9F%E8%87%BA%E7%81%A3%E8%A6%81

能源與環境概論。(n.d.)。Retrieved November 8, 2022, from https://elearn.nthu.edu.tw

臺北市政府環境保護局。(2022，March 28)。https://www.dep.gov.taipei/News_Content.aspx?n=CB6D5C560DE4D2DD&s=8534353F2BE7786F

行政院。(2022a)。國家發展委員會〔網站資訊〕。國發會全球資訊網；國家發展委員會。https://www.ndc.gov.tw/Content_List.aspx?n=FD76ECBAE77D9811&upn=5CE3D7B70507FB38

行政院。(2022b)。行政院「臺灣顯示科技與應用行動計畫」廣告。https://www.post.gov.tw/post/FileCenter/post_ww2/

ad/ad_linkpage/1090803.htm

行政院環境保護署氣候變遷辦公室。(2022，April 21)。行政院會通過「溫室氣體減量及管理法」修正為「氣候變遷因應法」強化氣候法制基礎. https://enews.epa.gov.tw/Page/3B3C62C78849F32F/99781cf8-4e99-42b9-a296-47ac347c50c5

金管會。(2022)。新聞稿——金管會推出「綠色金融行動方案3.0」，要讓金融業更積極協助淨零轉型——金融監督管理委員會全球資訊網。https://www.fsc.gov.tw/ch/home.jsp?id=96&parentpath=0,2&mcustomize=news_view.jsp&dataserno=202209260001&dtable=News

電電公會。(2022)。淨零碳排 環境永續——電電公會環境永續邁向新未來。臺灣區電機電子工業同業公會。https://www.teema.org.tw

高偉倫。(2021)。帶著 1500 家供應商減碳　台積電宣布 2050 年達成淨零碳排，落實環境永續承諾｜從近零到淨零——CSR@天下。https://csr.cw.com.tw/article/42163

黃昭勇。(2021，April 20)。什麼是淨零、碳中和、氣候中和？一次搞懂 Net Zero、Carbon Negative、Climate Neutral 圖文懶人包。CSR@天下。https://csr.cw.com.tw/article/41933

換日線。(2022)。讓獲利與永續齊步！E Ink 元太科技以 PESG 淨零減碳　創造社會正能量。https://crossing.cw.com.tw/article/16679

經濟日報。(2022)。顯示產業減碳與價值創新併進多元應用邁向新紀元。https://money.udn.com/money/story/5612/5949852

國家圖書館出版品預行編目(CIP) 資料

淨零排放創新課程設計 ：顯示科技零碳轉型人才培育 /蘇信寧主編. -- 初版. -- 臺北市 ：元華文創股份有限公司, 2023.07

面； 公分

ISBN 978-957-711-322-1 (平裝)

1.CST: 碳排放 2.CST: 科技教育 3.CST: 課程規劃設計

445.92 112010916

淨零排放創新課程設計── 顯示科技零碳轉型人才培育

蘇信寧 主編

發 行 人：賴洋助
出 版 者：元華文創股份有限公司
聯絡地址：100 臺北市中正區重慶南路二段 51 號 5 樓
公司地址：新竹縣竹北市台元一街 8 號 5 樓之 7
電　　話：(02) 2351-1607　　傳　　真：(02) 2351-1549
網　　址：www.eculture.com.tw
E-mail：service@eculture.com.tw
主　　編：李欣芳
責任編輯：立欣
行銷業務：林宜葶
出版年月：2023 年 07 月 初版
定　　價：新臺幣 550 元

ISBN：978-957-711-322-1 (平裝)

總經銷：聯合發行股份有限公司
地 址：231 新北市新店區寶橋路 235 巷 6 弄 6 號 4F
電 話：(02)2917-8022　　傳 真：(02)2915-6275